普通高等教育"十二五"规划教材

艺术·设计系列教材

环境艺术设计
HUANJING YISHU SHEJI

李　娅　主　编

刘爱丽　高　鹰　王　征　副主编
王云英　巨　涛

陕西师范大学出版总社有限公司

图书代号　JC12N0759

图书在版编目（CIP）数据

环境艺术设计/李娅主编. ——西安：陕西师范大学出版总社有限公司，2012.9
ISBN 978 – 7 – 5613 – 6518 – 2

Ⅰ.①环…　Ⅱ.①李…　Ⅲ.①环境设计　Ⅳ.①TU–856

中国版本图书馆CIP数据核字（2012）第208959号

环境艺术设计

主　　编/	李　娅
责任编辑/	赵荣芳
责任校对/	周　波
封面设计/	博林文化 Bolinwenhua
出版发行/	陕西师范大学出版总社有限公司
	（西安市长安南路199号　邮编 710062）
网　　址/	http://www.snupg.com
经　　销/	新华书店
印　　刷/	河南永成彩色印刷有限公司
开　　本/	889mm×1194mm　1/16
印　　张/	7
字　　数/	125千
版　　次/	2012年9月第1版
印　　次/	2012年9月第1次印刷
书　　号/	ISBN 978 – 7 – 5613 – 6518 – 2
定　　价/	42.00元

读者购书、书店添货如发现印刷装订问题，请与本社高教出版分社联系调换。
电　话：（029）85303622（兼传真），85307826。

普通高等教育"十二五"规划教材
艺术·设计系列

参编院校

清华大学美术学院	郑州航空工业管理学院
中国美术学院	郑州大学西亚斯国际学院
中央美术学院	河南教育学院
天津美术学院	中州大学
西安美术学院	焦作大学
广州美术学院	郑州城市职业学院
湖北美术学院	漯河职业技术学院
四川美术学院	新乡职业技术学院
鲁迅美术学院	安阳职业技术学院
郑州大学	商丘职业技术学院
河南大学	信阳职业技术学院
信阳师范学院	周口职业技术学院
商丘师范学院	河南职业技术学院
南阳师范学院	邯郸职业技术学院
周口师范学院	济源职业技术学院
洛阳理工学院	濮阳职业技术学院
洛阳师范学院	永城职业学院
安阳工学院	焦作师范高等专科学校
郑州轻工业学院	河南机电高等专科学校
黄淮学院	河南工业贸易职业学院
新乡学院	河南商业高等专科学校
许昌学院	黄河水利职业技术学院
河南工程学院	唐山工业职业技术学院
黄河科技学院	河南经贸职业学院
南阳理工学院	许昌职业技术学院
郑州师范学院	河南艺术职业学院
郑州科技学院	驻马店职业技术学院
中原工学院	开封文化艺术职业学院
海口经济学院	辽宁机电职业技术学院

前 言
PREFACE

　　环境艺术设计是伴随着现代建筑的发展而逐渐成长起来的一门学科。设计是科学与艺术相结合的产物，设计师的文化修养与其作品的质量是密切相关的，不仅要有较全面的专业知识，还要掌握熟练技能与表现技法，才能使设计思维运用于思想与现实、抽象与具体的世界之中，把想象的东西转化为可视的形象符号。

　　本教材是为了培养高职高专的在校生以及年轻的设计人员的设计能力及实践能力而编写的。本书针对高职高专设计专业偏重技能的特点，可以作为环境艺术设计专业的教材或教学参考书。

　　本书以环境艺术整体综合设计方法论的研究方法，从技术与艺术相结合的角度认识建筑科技与艺术设计并重的发展观，研究环境设计的理论导向、设计方法和设计表达，即环境的整体性、空间的艺术性等设计应用与实践方面的综合设计特点，具有实用性、科学性与艺术性的特点。

　　本书系统地介绍了环境艺术设计的基本概念、设计原则、设计方法和步骤程序等方面的知识。让学生在把握现代设计理论知识的基础上，注重空间环境的整体性和对空间的艺术性的分析。本书注重应用实践，以使学生能准确地了解环境艺术设计创意与实施过程。

　　本书作者通过多年的实践经验，并通过前期相关问题的研究，对环境艺术设计教学起到一定的应用实践指导意义和参考价值。应该指出，环境艺术设计涉及的学科和专业十分广泛，不是一本几万字的书就能概括的。从这个角度来说，本书的作用只是开阔思路，提供线索，而不是给出答案。

　　在编写教材过程中参考了有关作者的相关资料，在此表示衷心的感谢。由于出版时间仓促，我们只联系到部分图片的作者，由于种种原因还有部分图片的作者尚未联系到，请见到本书后与我们联系。

编 者
2012年6月

目 录
CONTENTS

第一章　环境艺术设计概述

第一节　环境艺术设计的基本概念

环境艺术设计是一个很大的范畴，又称为环境设计，综合性较强，包含的学科知识也相当广泛，主要由室内设计、景观设计、建筑设计和公共艺术设计等组成。具体内容包括环境与设施计划、空间与装饰计划、造型与构造计划、材料与色彩计划、采光与布光计划、使用功能与审美功能的计划等，其表现手法也是多种多样。环境艺术设计虽然是以建筑学为基础，但又有其自身独特的侧重点。它与城市规划设计相比，更注重规划细节的落实与完善；与建筑学相比，更注重建筑的室内外环境艺术气氛的营造；与园林设计相比，则更注重局部与整体的关系。所以说环境艺术设计是艺术与技术的有机结合体。（图1-1-1）

图1-1-1 加拿大国会图书馆的建造与设计

环境艺术设计广义的概念和范围几乎涵盖了地球表面的所有地面环境和与美化装饰有关的所有设计领域。在国家学科目录中环境艺术设计属于艺术设计下的专业，其专业内容包含以研究和设定室内光色、空间、家具、陈设等诸要素之间协调统一的关系为目标的室内设计，和以研究和设定建筑、绿化、公共艺术、公共空间和设施等诸要素之间关系为目标的环境景观设计。

在中国，所谓的环境艺术设计就是指室内装饰、室内外设计、装修设计、景观园林、景观小品（场景雕塑、绿化、道路）、建筑装饰和装饰装潢等。此外，还包括城市规划。尽管名称很多，但其内涵相同，都是指围绕建筑所进行的设计和装饰活动。要说有区别的话，那就是室内装修和室外装修的区别，学科上将其分为室内环境设计和室外环境景观设计。

一、室内环境设计

室内环境设计又称为室内设计，即对建筑内部空间进行的设计。泛指能够实际在室内建立的任何相关物件，如门、窗、墙、窗帘、表面处理、材质、灯光、水电、视听设备、环境控制系统、家具与装饰品的规划等。具体来讲就是根据对象空间的实际情形与使用性质，运用物质技术手段和艺术处理手段，创造出美观舒适、功能合理、符合使用者心理与生理要求的室内空间环境的设计。

室内设计按照使用功能的不同大体可分为居住建筑室内设计（图1-1-2）、公共建筑室内设计（图1-1-3）、工业建筑室内设计和农业建筑室内设计。由于设计场所的功能性质不同，设计内容与要求也存在很大的差异。

图1-1-2 居住建筑室内设计

图1-1-3 公共建筑室内设计

二、室外环境景观设计

　　室外环境景观设计是环境艺术设计的组成部分之一，泛指对所有建筑外部空间进行的环境设计，又称风景或景观设计，大到绵延几十公里的风景区规划，小到十几平方米的庭院设计，都属于室外环境景观设计的范畴。（图1-1-4）

图1-1-4 室外环境景观设计

　　景观是由场所构成的，而场所的结构又是通过景观来表达的。相比偏重于功能性的室内空间，室外环境不仅为人们提供广阔的活动天地，还能创造气象万千的自然与人文景象。近年来随着室外大批广场绿地、商业步行街、主题公园、街头小品的出现，室外环境景观设计已不知不觉

地融入到了我们的生活当中，并和我们的生活产生着密不可分的联系。它的造型、视觉美感以及在阳光下、灯光下所呈现出来的独特效果，会时时刺激你的目光，影响你的行为和心理的变化。近年公众环境意识逐步增强，室外环境设计日益受到大家的重视，一个有良好室外环境景观的城市环境、居住环境，可以为人们提供物质功能和精神功能双重价值。

　　室外环境景观设计具体来讲包括园林设计和道路、桥梁、庭院、街道、公园、广场、河岸、绿地等所有生活区、工商业区、娱乐区等室外空间和一些独立性室外空间的设计。大面积的河域治理，城镇总体规划大多是从地理、生态角度出发；中等规模的主题公园设计、街道景观设计常常从规划和园林的角度出发；面积相对较小的城市广场，小区绿地，甚至住宅庭院等又是从详细规划与建筑角度出发。所以说室外环境景观设计具有复杂、综合、多元和多变性，自然方面与社会方面的有利因素与不利因素并存。在进行室外环境景观设计时，要注意扬长避短和因势利导，要进行全面综合的分析与设计。在建筑设计或规划设计的过程中，想要使建筑（群）与自然环境产生呼应，就要对周围环境要素做整体的考虑和设计，最终使其使用起来更方便，更舒适，提高其整体的艺术价值。周围环境要素包括自然要素和人工要素，其中自然要素包括地形、植物、水系、野生动物和气候等。

　　室外环境景观在进行设计时具有以下四大原则：一是统一的原则，也称变化与统一或多样与统一的原则；二是调和的原则，即协调和对比的原则；三是均衡的原则，这是植物培植时的一种布局方法（图1-1-5）；四是韵律和节奏的原则，培植中有规律的变化，就会产生韵律感。

图1-1-5 苏州拙政园

第二节　环境艺术设计的出现

环境艺术设计作为一门新兴的学科，二战后逐渐在欧美受到重视，它是20世纪工业与商品经济的高度发展中，科学、经济和艺术相结合的产物。它有效地把实用功能和审美功能作为有机的整体统一了起来。环境艺术设计一词出现于上世纪80年代末，当时的中央工艺美术学院室内设计系为仿效日本，将系名由"室内设计"改为"环境艺术设计"。

1981年，国际建筑师协会第14届世界建筑师大会首次揭示出建筑学的环境艺术与环境科学的性质。大会的主题是"建筑·人·环境"，大会的宣言明确指出："建筑学是为人类建立生活环境的综合艺术和科学。"

1985年，中国建筑学会在北京召开中青年建筑师座谈会，我国环境艺术作为学科和行业自此开始起步。建筑作为环境艺术的性质，在会上引起更广泛的关注，与会的建筑师重温了《华沙宣言》，撰文探讨有关环境艺术的问题。我国环境艺术作为学科和行业就是从这时起步的。

1987年，中国美术报社专门召开了以环境艺术为主题的座谈会。参加会议的有建筑师、规划师、画家、美术理论家、雕塑家、哲学家等。在此次座谈会上专家们开始筹建中国环境艺术学会，即现在的中国建设文化艺术协会环境艺术专业委员会。

1987年，在天津召开了"天津城市环境美的创造"大型学术研讨会，与会的著名学者李泽厚、吴良镛等专家们从多方面探讨了环境艺术理论与实践问题。会后不久的1991年10月占地面积15.8万平方米的中国民俗文化村（图1-2-1）在深圳市建成开放，它包括中国21个民族的24个村寨，成为有代表性的民族风情博物馆。1994年6月由香港中旅集团和华侨城集团共同投资建设的集世界奇观、历史遗迹、古今名胜、民间歌舞表演融为一体的大型文化旅游景区世界之窗（图1-2-2）也正式开园，这些都是我国环境艺术的佳作。

1988年，《环境艺术》丛刊创刊号问世。1989年，中国环境艺术学会（筹）等举办"中国80年代优秀建筑艺术作品评选"，在海内外引起很大反响。

图1-2-1 中国民俗文化村

图1-2-2 深圳世界之窗

1992年10月8日，中国环境艺术学会的筹备工作完成，经过建设部、文化部、民政部批准，代表中国建设环境艺术的国家级协会——中国建设文化艺术协会环境艺术专业委员会成立（简称中国环境艺术委员会，即第一届中国环境艺术委员会）。由原国家建设部副部长、中国科学院院士、中国工程院院士周干峙（图1-2-3）任会长。第一届委员会宗旨为：建筑设计、城市规划、环境科学、美学、造型艺术以及社会科学和人文科学各界人士携起手来，为提高人民生活环境质量，创造中国当代环境艺术，保障人类健康永续发展而努力。

图1-2-3 周干峙

1995年1月，中国环境艺术委员会等主办的"中国当代环境艺术优秀作品"（1984—1994）评选结果公布。

近年来，随着改革开放的不断深入，我国城市建设、住宅区的建设速度与规模也在加大。城市广场、住宅区、街区、公共建筑、旧城改造、古镇保护、新城镇规划、高新科技园、开发区、厂矿区等都开始加强环境设计，因此环境设计与施工队伍急剧膨胀，每年的产值高达数百亿上千亿之多。这些环境建设都存在着十分迫切的环境艺术文化要求。随着我国人民生活水平的提高，人们对各类环境艺术质量的要求也越来越高，环境艺术的理念和实践，就是在这样的背景和基础上在我国崛起和发展起来的。中国当代环境艺术的崛起和发展，是我国极为重要的科学文化艺术成就。

第三节　环境艺术设计的现状
与发展趋势

一、我国环境艺术设计的现状

我国的环境艺术设计是在改革开放后才开始发展起来的，目前作为一个行业和学科，在我国尚没有公认的科学的行业标准、行业规范，更没有

进行相应的学科理论建设。近年来，随着国民经济的飞速发展，人民的生活水平及其对生活品质的追求也越来越高，人们迫切需要不断提高自己居住环境的艺术质量。由于城市公共环境艺术其主角是建筑，是城市空间，是构成建筑与城市空间的材料、结构骨架、立意等，所以规划师、建筑师和设计师在环境艺术设计中的主导作用就显得格外重要。设计师首先应具备基本的艺术修养，了解现代技术、工艺材料的特点，其次还要能够深入细致地分析与研究中西方传统文化与现代理念的关系，将其融会贯通于现代设计之中。可目前我国环境艺术设计尚处于有行无思、有行无业、相对启蒙的阶段，就现有的建筑和室内外环境设计来讲，基本上还只是功能与结构性质的构件物，还谈不上艺术或创作思想的运用，更别说当今国际环境艺术流行思潮在国内的实践与运用了，而我国优秀的传统风格与造型正在日渐被淡忘。所以我们现在存在的主要问题是没能够处理好时间与空间的关系，缺乏历史的传承，没有个性。

环境艺术设计涉及到城市管理的各个方面，目前我国的现状是城建、规划部门进行建筑设计，园林部门进行城市的绿化，市政部门管理道路交通，环卫部门负责环境场所的日常维护。这种分散的管理模式使城市公共空间环境从设计到日常管理都难以做到协调统一，结果导致部分环境艺术设计作品的艺术品质较低，与城市规划及周围的环境之间缺乏协调性和统一性，尤其是近年来在全国各大城市的建筑装饰上所采用的玻璃幕墙以及在广场绿化中简单化的大草坪设计方法，以及设计观念的陈旧和盲目地模仿，都造成了许多城市在环境设计上缺乏自己独特的艺术方式与魅力，体现不出应有的艺术品位与水准。同时，我国目前无论是建筑设计、公共室内设计、景观绿化设计或雕塑展示设计，基本都是由个人或单位来设计施工，在征求群众的意见与想法方面也存在一定的欠缺。

二、环境艺术设计的发展趋势

（一）注重人文艺术的合理融入

"人文"在东方传统哲学概念里有两层含义，一是代表一种理想的人性，就是什么样的人是理想的人；什么样的人生是理想的人生。其二是用什么样的办法和途径才能达到理想的人性和

理想的人生。人文精神是指关爱人、尊重人，提升人的生存能力、发展人的生存意义，促进人的全面发展，追求美好幸福的生活。好的环境艺术设计师应该是人文精神的体现者、贯彻者，在设计中应该体现对人的关爱和尊重，通过设计改善、提高人的生存环境质量，创造美好的生活环境，让人们感受到生活的美好和幸福。（图1-3-1）

图1-3-1 东京立川公共艺术区

设计中的人文因素越高，内容越多，渗透越深刻，就越能反映一个民族灿烂的文化传统，其设计成果就越能满足使用者的文化需求，越能提高设计的文化品位。好的设计作品在满足使用者的审美需求与精神需求的同时也可以令使用者感到身心愉悦，情操得到陶冶。融入了人文艺术的设计作品还能使人提高对环境的认知度与和谐度，产生环境对人的集聚效应。其设计成果也同时展现了设计师贯彻可持续发展战略思想的设计能力和水平。（图1-3-2）

图1-3-2 深圳大梅沙羽翼人雕塑

在具体的设计工作中，设计师首先要对使用对象进行深入的调研，了解使用者的生活习惯、文化层次、心理需求、消费方式、对空间功能的要求、对色彩与造型等的爱好。在此基础上再进行反复的研究，仔细推敲细部的刻画，最终使设计作品不仅能解决好使用功能的各项配置及空间的整体设计，还能使蕴藏在设计中的传统文化得以体现和传承。

（二）注重生态环境的可持续发展

几千年以来我国人民的思想观念与行为一直受儒道思想所影响，在对待自然与人的关系问题上，一直主张"天人合一"。作为汉传佛教宗派之一的禅宗也主张人与自然的调和。这些哲学观对中国文化的影响是深远的，它们均主张顺应自然，与自然保持和谐密切的关系。但随着社会经济的快速发展，目前全球环境正在逐步恶化，资源被严重浪费，呈短缺态势，能源也愈加缺乏，这种状况急需改善。

要想使生态环境得以可持续发展，必须要在建筑、室内外环境、城市的生态设计等方面减少对环境的破坏和污染。正确处理"人—建筑—城市—自然"之间的关系，以便将对良好的人居环境的追求落到实处，以创造舒适宜人的居住环境。而生态设计就是面对现实、认真负责的设计态度，是未来设计的发展趋势。它本着使用可再生能源，提高资源利用效率，减少资源利用量，设计结合气候，谁污染谁治理，谁破坏谁补偿，及时恢复受损环境，使用本地乡土材料，尊重生命规律，保护生物多样性等原则，通过对不同地区实施有针对性的各种类型的生态设计，以达到提高人类居住环境质量的目的。

生态设计的类型大致可以分为以下三种。

第一，模拟自然的自然主义设计。该设计的特点是对当前地形、地物进行适当改造。以自然植被与再生水为主体，保持生态平衡。使人、植物、动物能够在这个环境中和谐相处，恢复生物多样性。（图1-3-3）

第二，生态环境补偿性设计。这种设计是充分利用植物，对设计环境由于金属、混凝土、玻璃等人工物所造成的生态缺失而进行的有针对性的补偿性设计。植物群可以有效调节室内外的温度和湿度，可以遮阳，还可以吸附粉尘、废气，并且能降噪。但有时也会因为这些植物而影响采光，甚至会对壁面有一定的腐蚀。（图1-3-4）

提供了自由广阔的空间和高效率的设计质量，同时也丰富了设计者对环境艺术的设计创作。由此可见，科技智能的发展必将引领环境艺术设计的未来。

图1-3-3 美国黄石国家公园

图1-3-4 墨西哥城豪华住宅楼

第三，生态环境的恢复性设计。该设计的特点是把废物灵活利用，节省建、拆物质，降低能源消耗，满足人们游乐的需求。充分利用生物吸收土壤中的有害物质，恢复地力。缺点是恢复期长且艺术性不足。（图1-3-5，图1-3-6）

（三）注重科技智能的灵活运用

现今科学技术发展也极大影响并改变着环境艺术设计，各种新的设计形式和风格也随之应运而生。科技的发展使智能化渐入设计理念之中，既丰富了环境艺术的表现力和感染力，为设计者

图1-3-5 德国杜伊斯堡景观公园

图1-3-6 德国杜伊斯堡景观公园

思考与练习题

1. 环境艺术设计的含义是什么？
2. 室内设计按照功能不同可分为哪几类？
3. 景观设计的四大设计原则是什么？
4. 环境艺术设计的发展趋势是什么？

第二章 环境艺术设计的理论基础与设计原则

第一节 环境艺术设计的理论基础

环境艺术设计是一门科学与艺术综合的学科，它既要满足人们日常生活的使用功能需求，又要满足人们精神审美上的需求。环境艺术设计是为生活而设计，所以，不仅要赋予它实用性，而且还必须赋予它美。环境艺术设计的美不仅体现在纯粹的精神活动中，更重要的还在于它体现在人类的实践活动中，让人在体验环境空间的同时能感受到美。

从美学角度来看，环境艺术设计是一种造型艺术设计，设计师主要是通过造型的设计与组织来创造室内空间与景观空间的形式美。那么，环境艺术设计的美有哪些规律和法则？环境艺术设计中所运用的形式美法则是事物的外显方式，是以造型的外显方式呈现出空间美感。物体需要占据一定空间，造型通过点、线、面、体表达形式美，环境艺术设计组织点、线、面、体的构图法则如下。

一、和谐与对比

从环境艺术设计这个领域来讲，和谐是指空间中两种以上的要素，或部分与部分之间，呈现出一种整体协调的关系。对比与和谐是造型语言的基本法则。所谓对比是强调环境艺术设计中造型元素的差异性，例如，同一种线型的长短、大小、粗细、疏密的不同，方向的垂直、水平、倾斜等。和谐，就是在环境艺术设计中所运用的造型形状、色彩、质感、肌理等具有协调的构成关系，形成统一的效果。

和谐处于统一与对比两者之间，空间中单一的某种颜色，单独的一根造型线条无所谓和谐不和谐，只有几种要素具有基本的共通性才称为和谐。（图2-1-1）和谐的组合保持部分的差异性，但通常表现为有一种要素占统领与主导地位，允许个别不同。当要素之间差异表现强烈和显著

时，和谐的格局就向对比的格局转化，对比过多会显得杂乱无章。

图2-1-1 室内家装客厅——线的造型

环境艺术设计造型设计，对比与和谐两者都是不可缺少的，对比可以借彼此之间的烘托陪衬来突出各自的特点，达到相得益彰的效果。没有对比会使人感到单调，过分地强调对比则可能失

图2-1-2 承德外八庙

去相互之间的协调，造成彼此孤立。只有把这两者巧妙地结合在一起，才能既有变化又和谐一致。缺乏统一与和谐则显得杂乱，缺乏多样性则显得单调，而杂乱和单调不可能构成美的形式。可见，在环境艺术设计中创造出既统一而又多样的形式，才符合形式美的基本法则。在图2-1-2中，承德外八庙的统一性表现在其风格的整体感上，多样性表现在建筑的高低错落，疏密变化中。

二、对称与均衡

在古代，人们从生活实践中逐渐形成均衡和稳定的审美观念。从自然界的生物形态和自然景观中，人们认识到一切事物要保持稳定，就必须具备一定的条件。人们通过生活中的造型实践，更进一步发现均衡与稳定的基本规律。实践证明凡符合这个原则的造型，不仅在构造上是安全的，而且给人的心理的感觉也是舒适的。所以在进行建筑设计和环境艺术设计等设计活动时，人们力求符合均衡与稳定的原则，如图2-1-3中埃及金字塔造型是呈下大上小，逐渐收分的方尖锥体，这是和当时人们追求稳定的设计观相一致的。

图2-1-3 埃及金字塔

对称是人类最早掌握的形式美法则，是形式美的传统技法。对称分为绝对对称和相对对称，上下对称和左右对称。相同色彩、相同形状、相同质地对称为绝对对称，在室内设计中采用的是相对对称。对称给人的感觉是有序、庄重、整齐之美。把这种对称运用到建筑和环境设计中，古今中外有无数的著名建筑都是通过对称的形式来

获得其稳定的审美追求。图2-1-4中浙江省政府人民大会堂的室内设计，对称的形式给人庄重、大气之美。

图2-1-4 浙江省政府人民大会堂

均衡是依照中轴线、中心点不等形而等量的形体、构件、色彩相互搭配。均衡和对称形式相比较，有活泼、生动、优美之韵味，更多的是心理上的感受。在室内设计的娱乐空间和商业空间、展示空间中多采用均衡的形式美法则。均衡是在不对称中求平稳，可分为调和均衡、对比均衡两大类。除图案造型的均衡外，还有量的均衡，色的均衡，力的均衡，在室内设计时必须将这些加以考虑，以追求室内空间的视觉张力。到了近现代，不对称的均衡法则在建筑和环境设计中使用得更加普遍。古今中外有不少设计实例正是在不对称的造型因素中实现其均衡的审美价值的。著名建筑大师贝聿铭设计的香港中国银行大厦（图2-1-5），其造型就体现了这种不对称的均衡。大量设计实例证明，不完全对称的均衡要比完全对称的均衡更显得轻松、活泼。

三、韵律与节奏

韵律与节奏原是音乐术语，后被引申到造型艺术中来表示以条理性、重复性和连续性为特征的美的形式，它表现为一种秩序。这种有序的形态在自然界中随处可见，如远山轮廓线的延绵起伏、大海中的层层波涛等。韵律所表现的是相同或相近似形态之间的一种有规则排列的变化关系，这种元素关系就像音乐里乐谱形成乐章一样，形成一种韵律美和节奏感。可见，韵律与节奏是密不可分的统一体，是美感的共同语言，是创作和感受的关键。

图2-1-5 香港中国银行大厦

图2-1-6 密尔沃基美术馆

四、比例与尺度

在环境艺术设计中，比例与尺度是最为重要的造型要素，比例是指局部要素本身之间、局部与整体之间在尺度、体量上的一种制约关系。任何一种形式要素，形式构件，都存在着大小、高低、长短、粗细、厚薄、深浅、倾斜角度等是否合适的问题。正确把握尺度与比例关系，就意味着要处理好这些矛盾，没有良好的比例，就不可能有局部与整体的和谐统一。在古希腊，就有人发现了黄金律，他们认为这是最佳比例关系。

在西方建筑史上，建筑学家曾以各种方法来探索建筑整体与局部的关系，特别是外轮廓以及内部各主要分割线的控制点，凡是符合或接近于圆形、正三角形、正方形等具有确定比例的几何图形，就可能由于具有某种几何制约关系而产生和谐的效果，如巴黎的凯旋门（图2-1-7），其整体外轮廓为正方形，立面上若干个控制点分别与同心圆或正方形相结合，高直建筑物门洞各个主要控制点连线所构成的三角形均为大小相等的正三角形。

尺度，是指造型的比例与人体各部分的比例具有数的关系，或指人与建筑之间的关系。建筑设计中的模数就与人体的尺度有关。环境艺术设计是在与人相关的，在设计表达图上，设计空间只有在与人的比较中，才能显示出它的真实尺度感。著名建筑师勒·柯布西耶曾提出人体的标准比例并将之应用于建筑设计。与人体的尺度一致的造型也较多地体现在环境艺术、家具、机器、交通工具等方面。在设计中，尺度感是一种相对概念，它是通过综合运用各种设计要素来调节人与空间的关系。如在高大别墅的复式室内空间

建筑是凝固的音乐，是因为它们都是通过节奏与韵律的体现而形成美的感染力。成功的建筑总是以明确动人的节奏和韵律将无声的实体变为生动的建筑语言。韵律美在建筑环境中的体现极为广泛，不论是东方还是西方，不论是古代还是现代，我们都能找到富有韵律美和节奏感的建筑。密尔沃基美术馆（图2-1-6），西班牙建筑师圣地亚哥·卡拉特拉瓦设计，建筑具有强烈的韵律感，展现出技术理性所能呈现的逻辑的美和运动的诗意。环境艺术设计中节奏与韵律是通过实体体量大小的区分、空间虚实的交替、长短的变化、构件排列的疏密、曲柔刚直的穿插等方式来实现的，具体手法有连续式、起伏式、渐变式、交错式等。楼梯是居室中最能体现节奏与韵律的所在，或盘旋而上，或蜿蜒曲折。在整体居室中虽然可以采用不同的节奏和韵律，但在同一个房间切忌使用两种以上的节奏，这样会使室内空间失去主旋律，会让人无所适从、眼花缭乱。

中，为了获得恰当的尺度，使人与空间有亲和感，就需要通过界面上的护栏、窗洞、分隔线以及家具、陈设等要素进行调节。（图2-1-8）

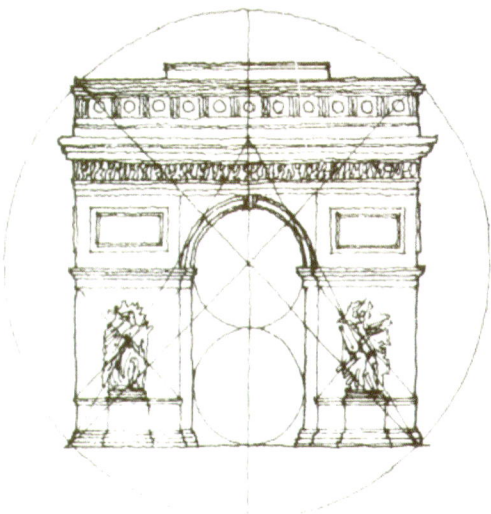

图2-1-7 巴黎的凯旋门

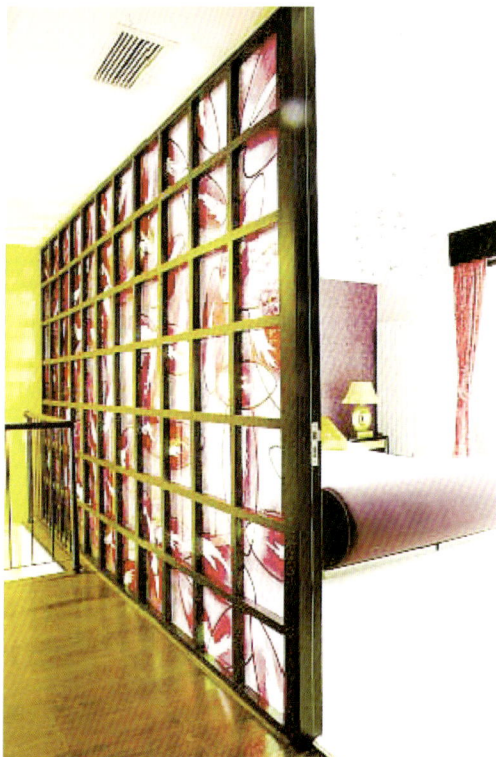

图2-1-9 室内空间隔断

图2-1-8 别墅复式室内空间

五、层次与呼应

一幅画或一幅装饰构图，要分清层次，使画面具有深度、广度而更加丰富。缺少层次则显得单调，室内设计同样要追求空间层次感。如明度从亮到暗，色彩从冷到暖，纹理从复杂到简单，造型从大到小、从方到圆，构图从聚到散，质地由单一到多样等，都可以看成富有层次的变化。层次变化可以取得极其丰富的视角效果。（图2-1-9，图2-1-10）室内空间层次，可以利用门或隔断增加空间层次感，利用地台合理增加储物功能，地台可以在保证休闲娱乐和增加室内空间层次感。

图2-1-10 室内空间地台

呼应如同形影相伴，在室内设计中，顶棚与地面、桌面及其他部位，采用呼应的手法，形体的处理，会起到互动的作用。呼应属于均衡的形式美，是各种艺术常用的表现手法，呼应也有"相对呼应"，是指一般运用形象对应、虚实气势等手法求得呼应的艺术效果。（图2-1-11）

图2-1-11 室内色彩的呼应

以上列举了环境艺术设计的基本构图法则，作为环境艺术设计的整体来说，这些法则都是互相联系在一起的。为使一个设计取得一种完美的效果，只有各种构图法则共同发挥作用才能使其成为艺术的统一体。

环境艺术设计研究的对象之一是造型，造型设计要遵循形式美法则。在环境艺术设计领域中，无论是整体还是局部，单体还是群体，内部空间还是外部空间，都要求形式的完美统一。任何造型艺术，都由若干部分组成，这些部分既有区别，又相互联系，只有把这些部分按一定的规律，有机地组合成为一个整体，才能使造型具有艺术感染力。统一与多样是辩证的关系，它们相互对立，相互依存。设计的形式语言带有设计师的情感和创造力，很容易被人感知并产生共鸣，带来生理、心理、感官的愉悦。

第二节　环境艺术设计的设计原则

环境艺术设计是以服务人为中心的活动。因此，一个环境艺术设计作品的诞生，应涉及人的因素、地域与技术的因素、建筑与环境的关系因素、经济的因素等。设计首先要以人为核心，在尊重人的基础上，关怀人、服务于人。新设计的出现可能是技术上的革新，也可能是社会上的需求改变或文化氛围的演变的结果。因此，在环境艺术设计的过程中，设计师应考虑以下几个设计原则。

一、科学性原则

（一）符合人体工程学

以人为本在环境艺术设计领域体现在空间实体设计符合人体工程学原理。人体工程学联系到室内设计，其含义为：以人为主体，运用人体计测、生理与心理计测等手段和方法，研究人体结构功能、心理、力学等与室内环境之间的合理协调关系，以适合人的身心活动要求，取得最佳的使用效能，其目标应是安全、健康、高效能和舒适。

人体工程学中的人体尺寸分为两种，分别是结构尺寸（图2-2-1）和功能尺寸（图2-2-2）。结构尺寸指人体在静态下的尺寸，人在标准的固定状态下测得的尺寸数据。可归纳为立姿，坐姿、蹲姿、跪姿和卧姿等。功能尺寸指动态的尺寸，是人体在进行某项活动时测得的尺寸，是由关节的活动，转动产生角度的变化及肢体配合产生的范围尺寸。人体工程学包括室内空间、家具陈设等与人体尺度的关系问题，运用在环境艺术设计中时间并不是很长，所以，人体工程学在室内环境设计中应用的深度和广度有待于进一步认真开发。

目前已开展的人体工程学在环境艺术设计领域中的应用方面如下。

1.确定人和人际在室内环境中活动所需空间的主要依据

根据人体工程学中的相关计测数据，从人的尺度、动作域、心理以及人际交往的空间等角度考察，以确定环境艺术设计空间的范围。不同空间对人体工程学的具体运用不同，如居室空间设计要运用与人的起居生活所需的相关人体工程学数据，商业空间设计要运用对人进行购物、观看、行走、休息等相关人体工程学数据。

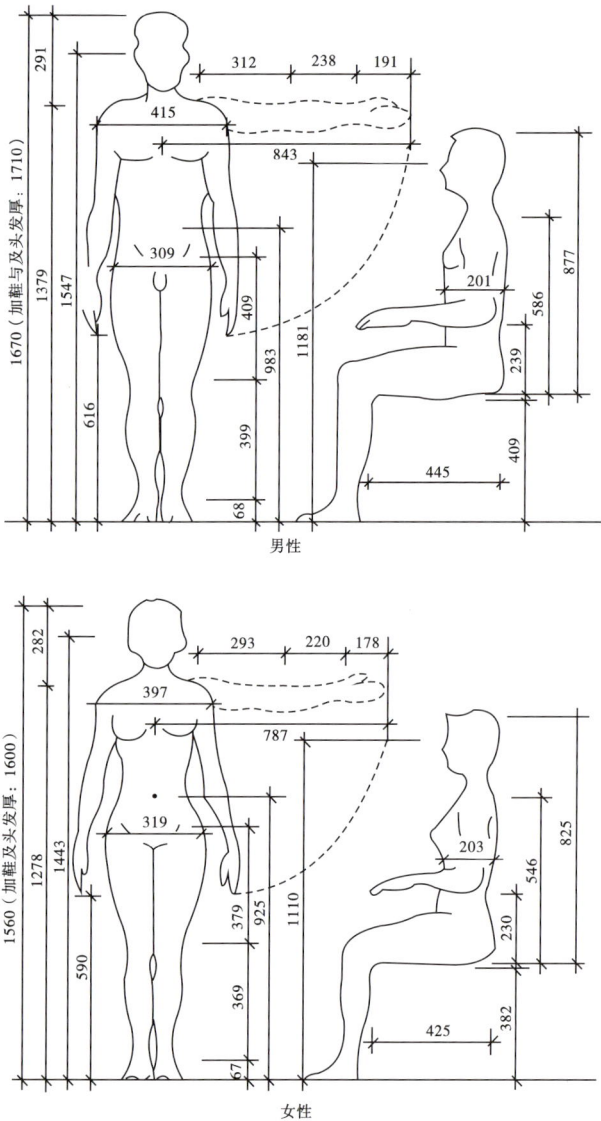

图2-2-1 人体工程学结构尺寸

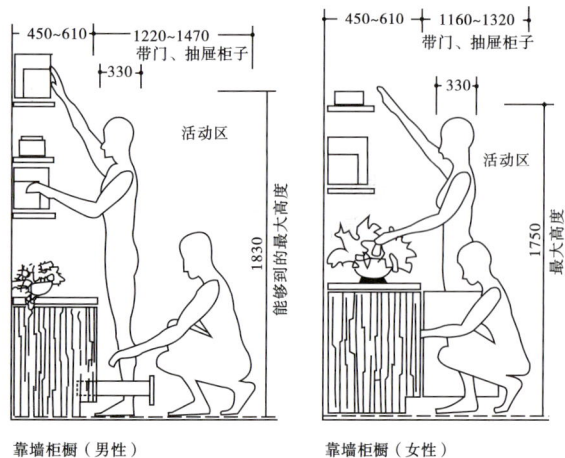

图2-2-2 人体工程学功能尺寸

2.确定设施的形体、家具尺度及其使用范围的主要依据

家具为人所使用，因此它们的形体、尺度必须以人体尺度为主要依据。同时，人们为了使用这些家具和设施，其周围必须留有活动和使用的最小空间，这些问题都由人体工程学予以解决。室内空间越小，停留时间越长，对这方面内容测试的要求也越高，例如小户型居室空间的设计。（图2-2-3）

图2-2-3 40平米小户型居室空间设计

3.提供适应人体的室内物理环境的最佳数据

室内物理环境主要有室内声环境、光环境、热环境、重力环境、辐射环境等，进行室内设计时有了上述要求的科学参数后，在设计时就有可能取得良好的效果。

4.对视觉要素的计测为室内视觉环境设计提供科学依据

人体工程学通过计测得到人眼的视力、视野、光觉、色觉等视觉要素的数据，为室内色彩设计、室内光照设计等提供了科学的依据。著名的华裔建筑大师贝聿铭设计的日本美秀博物馆（图2-2-4），合理巧妙地运用了自然光，同时达到了将室外景观引进室内的借景效果。

图2-2-4 日本美秀博物馆

（二）智能化设计

环境艺术设计智能化是未来建筑及室内设计的发展方向。智能化即利用调整数据网构成综合布线系统传输各种信息，进行各种智能控制。20世纪初，受人道主义影响，环境艺术设计领域产生了一种新的设计观念——无障碍设计。无障碍设计体现以人为本的设计思想。它运用现代技术建设和改造环境，为广大残疾人提供行动方便和安全的空间，创造一个平等参与的环境。无障碍设计主要针对的是肢体、视觉的残障者，通过设计各种智能化环境设施服务特殊人群，充分考虑具有不同程度生理伤残缺陷者和正常活动能力衰退者（如老年人）的使用需求，配备能够满足这些需求的服务功能与装置，营造一个充满爱与关怀、保障人们安全、方便、舒适的现代生活环境。（图2-2-5）

图2-2-5 坡道处理无障碍设计

二、功能性原则

这里的"功能"包括物质功能和精神功能。

（一）物质功能

要求内部空间能为人们提供舒适的物理环境，解决照明、取暖、通风、供水、制冷等一系列技术问题。建筑装修材料如绿色环保水槽，油烟处理器，玻化砖，釉面砖与节水易擦洗的墙体材料等，都能满足人们的日常生活需求。如使视觉不舒适的情况即容易疲劳的高亮度或强烈的明暗对比要避免，再如有老人就尽量避免台阶，考虑台阶不便于老年人行动等问题而尽量不设计高度上的空间层次。比如商业空间，从功能的角度考虑室内空间布置，首先要考虑的是平面的布局要符合购物这一人们的基本活动要求，考虑商品展示区、收银台、顾客休息洽谈区等对平面和立面进行空间划分和布置，根据从吸引顾客进店浏览、购物出店的购物活动特点设计商场、专卖店的道路交通流线。这些是人们对环境、空间功能的基本要求。

（二）精神功能

环境艺术设计要求环境能满足使用者的精神需求，其精神功能主要指的是环境美。在设计中美的标准受民族、文化背景、身份、职业、年龄、气质的影响，表现形式会大不相同。室内装饰讲究流行、个性，但具体的环境不同，文化背景、品味追求与风俗习惯不同，就可能会产生不同的效果。环境艺术设计要尽量符合使用者的民族、文化背景、身份、职业、年龄、气质等。图2-2-6中为日本著名建筑设计师安藤忠雄设计的光之教堂，他利用造型和自然光为设计元素为信徒们营造一种神圣而神秘的宗教气氛。

室内造型设计、材料的选用及搭配、装饰纹样、色彩图案等则更多地考虑了人的心理需要。如老年人房间的造型端庄、典雅、图案丰富、色彩深沉；年轻人房间的造型简洁、轻盈、色彩明快、装饰美观；儿童房间的家具色彩跳跃、造型小巧圆润。材质的软硬、色彩的冷暖、装饰的繁简等都会引起人们强烈的心理反应（图2-2-7，图2-2-8）。

图2-2-6 安藤忠雄设计的光之教堂

图2-2-7 成年人居室

图2-2-8 儿童卧室

这一原则要求使环境空间、装饰装修、物理环境、陈设绿化最大限度地满足功能所需，并使

其与功能相和谐、统一。功能的合理性不仅要求环境空间本身具有合理的空间形式，而且要求各空间之间必须保持合理的联系。设计来源于生活，陕西岐山凤雏西周住宅遗址（图2-2-9）中发现的距今3000多年的四合院建筑，也反映了人们住宅设计上的这一原则。

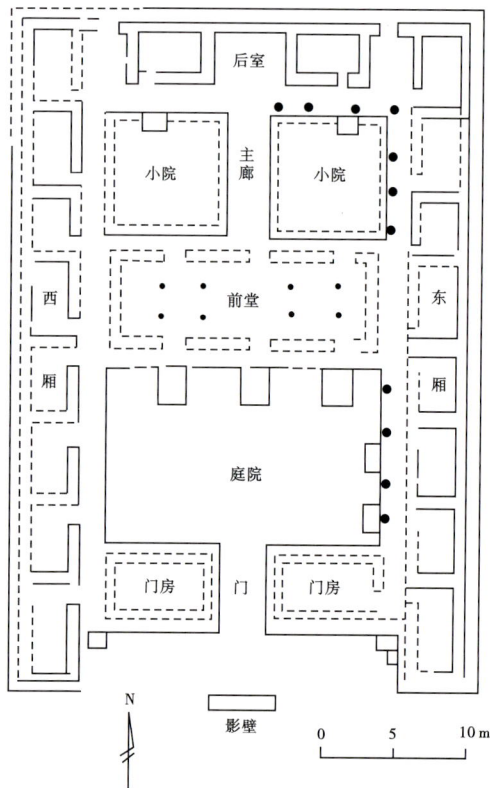

图2-2-9 陕西岐山凤雏西周住宅遗址平面图

三、安全性原则

环境艺术设计要求室内空间既能满足使用，安全、卫生等基本要求。包括满足与保证使用的要求，保护主体结构不受损害和对建筑的立面、室内空间等进行装饰这三个方面。

人只有在满足较低层次的需求之后，才会表现出对更高层次需求的追求。人对安全的需求可以说是仅次于吃饭、睡觉等的基本需求，它包括个人隐私不受侵犯，人身安全和个人财产不被侵害等。所以，在室内环境中的空间领域性的划分、空间组合的处理，有助于环境的秩序条理和安全保卫。无论是墙面、地面或顶棚，其构造都要求具有一定强度和刚度，符合计算要求，特别是各部分之间的连接的节点，更要安全可靠。

此外，环境艺术设计绿色环保是指对环境的无害与装饰物对人的无害化。其表现在室内设计之前应进行环境评估，分析该设计实施后对周围环境的影响，对于可能产生的负面影响应采取哪些措施进行补救。其次装饰物对人的无害化，这主要体现在装饰材料上，如家具、电器、陈设用品、装饰材料等。

四、可行性原则

设计的目的是要通过施工把设计变成现实，因此，环境艺术设计一定要具有可行性，力求施工方便，易于操作。有设计的想法，但无可行性，如顶棚、立面造型过于奇特实现不了的，不仅在心理上让人感觉不舒服，同时给施工带来麻烦。

五、经济性原则

经济性设计原则广义来说，就是以最小的消耗获得最大的效益。如在建筑施工中使用的工作方法和程序等。一项设计要为大多数人所接受，必须在代价和效用之间谋求一个平衡点，但无论如何降低成本都不能以损害施工质量为代价。比如，在考虑家庭装修经济问题时，不可为省钱而省钱。也就是说，不能不顾及居住环境的质量、安全、舒适来片面地追求经济性，这种片面节约的方式实际上会造成更大程度的浪费。

要根据建筑的实际性质及用途来确定设计标准，不要盲目提高标准，单纯追求艺术效果，以防造成资金浪费，也不要片面降低标准而影响效果，重要的是在同样造价下，通过巧妙的构造设计达到良好的实用与艺术效果。

环境艺术设计关于设计原则方面的要求，是任何环境艺术设计都必须遵守的，否则就谈不上美，更谈不上成为一个设计作品。在此基础上，还应该强调设计必须具有新颖的立意，具有独特的构思创意。只有具备了这些条件，才能真正称得上是优秀的室内设计作品，这也是环境艺术设计师应该努力追求的目标。

思考与练习题

1. 环境艺术设计的形式美法则有哪些?
2. 分析某个室内空间设计或者建筑设计对形式美法则的运用。
3. 环境艺术设计的设计原则有哪些?
4. 分析某个室内空间设计的功能性原则，比如餐饮空间。

第三章　室内环境设计

第一节 室内环境设计概述

在人的一生里，有很长的时间都生活于室内空间中，因此室内环境设计一定会直接影响到期间的生活质量、生产活动的效率，也必然关系到人们最基本的安全、健康以及具有一定文化内涵环境的心理需要等等。所以相对的室内环境设计系列将是与人们关系最为密切的环节。

自古至今，人类生活在大自然和人类自身"设计"的世界中。随着科学技术的发展，更改变了大自然与人类社会的面貌。人们是越来越生活在"人为"、"人技"设计的世界之中。设计是连接精神文明与物质文明的桥梁。因此，设计是人为的思考过程，是以满足人的需求为最终目标的。而作为现代的设计概念来讲，设计更是综合社会的、经济的、技术的、心理的、生理的、人类学的、艺术的各种形态的特殊的美学活动，即综合艺术设计。

一、室内设计的含义和内容

（一）室内设计的含义

对室内设计含义的理解，以及它与建筑设计、室内装饰装潢设计、室内装修设计等系统的关系，我们将从不同的角度、不同的侧重点来加以分析研究。

室内设计是根据建筑物的使用性质、所处环境和相应标准，运用现代物质技术手段和建筑美学原理，创造出功能合理、舒适美观、满足人们物质和精神生活需要的室内空间环境的一门实用艺术。这一空间环境既具有满足相应的使用功能的要求，同时也反映了历史底蕴、建筑风格、环境氛围等精神因素。其间，明确地将"创造满足人们物质和精神生活需要的室内空间环境"作为室内设计的目的，这正是以人为中心，一切为人创造出美好的生活、生产活动的室内空间环境。

室内设计既是建筑设计的有机组成部分，同时又是对建筑空间进行第二次设计，它还是建筑

设计在微观层次的深化与延伸。在与建筑整体环境设计的水乳交融中，充分体现了现代室内空间环境设计的艺术生命力。

室内装饰装潢是着重从外表的视觉艺术的角度来探讨、研究并解决问题。如室内空间各界面的装点美化、装饰材料的选用等。室内装修则突出工程技术、施工工艺等方面，是指对建筑工程完成之后，进行的各界面、构件等的装修工程。

室内设计既与人们所认同的建筑设计体系相区别，还与大众认可的装饰装潢、装修等概念对空间所作的工作内容与设计改造不同。室内设计在空间中营造良好的人与人、人与空间、人与物、物与物之间的机能关系的同时，还达到人们的心理及生理的平衡与满足。

室内设计是人类生活中重要的设计活动之一。它不仅关乎人们的过去、现在，还体现着人们对未来世界的探索与追求。可以说，现代的室内空间环境设计在空间领域范围扩大的同时，将给予未来设计以更广阔的时空。

（二）室内设计的内容

现代的室内设计，是一门实用艺术，也是一门综合性科学，同时也被称为室内环境设计。其涉猎与所包含的内容同传统意义上的室内装饰相比较，其内容更加丰富、深入，相关的因素更为广泛。室内设计所需要考虑的方面，也将随着社会科技的发展和人们生活质量以及心理需求的提高而不断更新发展。

室内环境的内容，主要涉及到界面空间形状、尺寸，室内的声、光、电和热的物理环境，以及室内的空气环境等室内客观环境因素。对于从事室内设计的人员来说，不仅要掌握室内环境的诸多客观因素，更要全面了解和把握室内设计的以下具体内容。

1.室内空间形象设计

这是针对设计的总体规划，设计决定室内空间的尺度与比例，以及空间与空间之间的衔接、对比和统一等。

2.室内装饰装修设计

这是指在建筑物室内进行规划和设计的过程中，针对室内的空间规划，组织并创造出合理的室内使用功能空间，同时根据人们对建筑使用功能的要求，进行室内平面功能的分析和有效布置，对地面、墙面、顶棚等各界面线形和装饰设计，进行实体与半实体的建筑结构的设计处理。

以上两点，主要围绕着建筑构造进行设计，

是为了满足人们在使用空间中的基本实质环境的需求。

3.室内物理环境的设计

在室内空间中,还要充分考虑室内良好的采光、通风、照明和音质效果等方面的设计处理,并充分协调室内环控、水电等设备的安装,使其布局合理。

4.室内陈设艺术设计

此处主要强调在室内空间中,进行家具、灯具、陈设艺术品以及绿化等方面的规划和处理。其目的是使人们在室内环境中工作、生活、休息时感到心情愉快、舒畅。使其能够满足人们心理和生理上的各种需求,起到柔化室内人工环境的作用,在快节奏的现代社会生活中具有使人心理稳定的作用。

简而言之,室内设计就是为了满足人们生活、工作和休息的需要,为了提高室内空间的生理和生活环境的质量,对建筑物内部的实质环境和非实质环境的规划和布置。

二、室内设计的依据和要求

(一)室内设计的依据

室内设计既然是作为环境设计系列中的一环,就必须事先对所在建筑物的功能特点、设计意图、结构构成、设施设备等情况充分掌握,进而对建筑物所在地区的室外环境等也有所了解。具体地说,室内设计的依据有以下几点。

1.人体尺度以及行为的空间范围

首先是人体的尺度和动作域所需的尺寸和空间范围,人们交往时符合心理要求的人际距离,以及人们在室内通行时,各处有形无形的通道宽度。

人体在室内完成各种动作的活动范围,是我们确定室内诸如门扇的高宽度、踏步的高宽度、窗户阳台的高度、家具的尺寸及其相间距离,以及楼梯平台、室内净高等的最小高度的基本依据。涉及到人们在不同性质的室内空间内,从人们的心理感受考虑,还要顾及满足人们心理感受需求的最佳空间范围。

综上所述,可以归纳为:
①静态尺度(人体尺度)。
②动态活动范围(人体动作域与活动范围)。
③心理需求范围(人际距离、领域性等)。

2.家具、灯具、设备、陈设品的尺寸及空间范围

室内空间里,除了人的活动外,主要占有空间的是家具、灯具、设备、陈设品之类,在有的室内环境里,如宾馆的门厅、高雅的餐厅等,室内绿化和水石小品等所占的空间尺寸,也应成为组织、分隔室内空间的依据。

除了其本身的尺寸以及使用、安置时要预留的空间范围之外,此类设备、设施应尽可能与建筑接口的处理相协调。对于出风口、灯具位置等从室内使用合理和造型等要求,适当在接口上作些调整也是允许的。

3.室内空间的结构构成、构件尺寸及设施管线等尺寸和制约条件

室内空间的结构体系、柱网的开间间距、楼面的板厚梁高、风管的断面尺寸以及水电管线的走向和铺设要求等,都是组织室内空间时必须考虑的。

4.符合可供选用的装饰材料和可行的施工工艺

由设计设想变成现实,必须动用可供选用的地面、墙面、顶棚等各个界面的装饰材料,采用现实可行的施工工艺,这些依据条件必须在设计开始时就考虑到,以保证设计图的实施。

5.已确定的投资限额、建设标准以及设计任务要求的工程施工期限

具体而又明确的经济和时间概念,是一切现代设计工程的重要前提。室内设计与建筑设计的不同之处,在于同样一个旅馆的大堂,相对而言,不同方案的土建单方造价比较接近,而不同建设标准的室内装修,却可以相差几倍甚至十多倍。对室内设计来说,投资限额与建设标准是室内设计必要的依据因素。同时,不同的工程施工期限,将导致室内设计中不同的装饰材料安装工艺以及界面设计处理手法。

(二)室内设计的要求

①具有使用合理的室内空间组织和平面布局,提供符合使用要求的室内声、光、热效应,以满足室内环境物质功能的需要。

②具有造型优美的空间构成和界面处理,宜人的光、色和材质配置,符合建筑物性格的环境气氛,以满足室内环境精神功能的需要。

③采用合理的装修构造和技术措施,选择合适的装饰材料和设施设备,使其具有良好的经济效益。

④符合安全疏散、防火、卫生等设计规范，遵守与设计任务相适应的有关定额标准。

⑤随着时间的推移，考虑具有适应调整室内功能、更新装饰材料和设备的可行性。

⑥联系到可持续发展的要求，室内环境设计应考虑室内环境的节能、节材、防止污染，并注意充分利用和节省室内空间。

第二节 室内环境设计的相关设计要素

室内环境设计所涉及的范围十分广泛，如空间要素、色彩要素、照明要素、家具与陈设要素、绿化要素等。正是这些设计要素之间的相互作用才共同营造了一个理想的室内环境。因此只有深入研究这些设计要素，才能设计出更加合理的室内设计方案，才能将室内设计进行得更为完整透彻。在某些具有特殊要求的空间中，这些要素的正确使用与否往往对空间起着决定性的作用。

一、室内空间设计

室内环境以空间容纳人、组织人，以空间感染人、影响人，这些都说明了空间是室内环境设计的载体。室内空间的组织应层次分明，合乎逻辑序列，就好像音乐的乐章，应高潮低潮相互交替、抑扬顿挫，并开放闭合有度，大小对比适宜才能顺理成章。

（一）室内空间的构成

室内空间是建筑空间环境的主体，建筑依赖室内空间来体现它的使用性质。我们进入一个建筑物内，就会感到空间的存在，这种感觉来自周围室内空间的天棚、地面与墙面所构成的三维空间。围合室内空间的地面、墙面和顶面是室内空间设计的基础，它决定着室内空间的容量和形态，既能使室内空间丰富多彩、层次分明，又能赋予室内空间以特性，同时还有助于加强室内空间的完整性。

1.基面

通常指室内空间的底界面或底面，建筑上称为"楼地面"或"地面"。基面一般分为水平基面（图3-2-1）、抬高基面（图3-2-2）和降低基面（图3-2-3）三大类。

图3-2-1 利用水平基面延展空间

图3-2-2 利用基面高度划分空间

图3-2-3 利用地面局部下沉限定空间

2. 顶面

在实际空间中，顶面的形式往往是最主要的设计要素，它可以是建筑结构体系的一种自然反映，也可以与结构分开，变成空间中一个视觉上的积极因素。如同基面一样，它可以利用局部的降低（图3-2-4）或抬高来划分空间，丰富空间感。

图3-2-4 顶面局部降低限定了下面的展柜空间

3. 墙面

墙面也叫做垂直面，一般指室内空间的墙面及竖向隔断，往往是空间造型中最活跃，给人视觉冲击最强烈的部分。在室内空间的限定中，垂直面设计既要考虑其高度问题，因为空间围合的程度很大意义上取决于墙面的高度，又要考虑垂直面之间的布局形式。（图3-2-5，图3-2-6）

图3-2-5 用平行垂直面限定过道

图3-2-6 用平行垂直面限定过道

（二）室内空间的形态和心理

人们对室内环境气氛的感受，通常是综合的、整体的。室内空间由于墙体的不同围合形式，便产生了不同的空间形态。而形态的不同对人也会产生不同的心理影响。

1. 矩形室内空间

这种形式很容易与建筑结构形式协调，是一种最常见的空间形式。其平面具有较强的单一方向性，立面却无方向感，属于相对静态的空间。一般用于卧室、办公室、会议室等室内空间。

2. 圆拱形室内空间

一种是矩形平面拱形顶（图3-2-7），水平方向性较强，剖面的拱形顶有向心流动之感，如隧道、地铁空间。另一种是圆球形，平面为圆形，顶面也是圆弧形，有稳定向心性，给人收缩、安全的感觉。

3. 折线型室内空间。

如三角形空间，给人以向外扩散和上升的感觉，富有动感。平面为六边形的空间有一定的向心感，当整个空间较为开敞时，具有向外扩张的感觉，反之，则有向心的感觉。

图3-2-7 拱形空间

图3-2-8 自由空间

4. 自由型空间

各个界面多变不稳定，自由复杂，有一定的特殊性和感染力，常用于娱乐空间或艺术性较强的空间。（图3-2-8）

（三）室内空间的类型

空间构成的方式因在空间维度中的处理方式不同，而形成了空间的不同类型。

1. 固定空间与可变空间

固定空间是构建建筑主体时就已确定的空间，是由建筑围护体所围合而成的，具有明确的尺寸与形状。例如，对于家庭居室空间的围合，是将卧室、起居室、卫生间、餐厅、厨房等功能空间包容在内，确立居室整体的空间体系，形成一个独立固定的空间体量和形式。

可变空间是因使用目的的不同，对空间进行分隔使其在体量和尺度上发生变化，如影剧院的升降舞台、展厅与餐厅的活动墙壁等。可变空间的前提是以固定空间为依托所形成的一种空间形式。

2. 封闭空间与开敞空间

封闭空间（图3-2-9）是用限定性比较高的维护实体包围起来的，无论是视觉、听觉等都有很强隔离性的空间。其性格是内向的、拒绝性的，具有很强的领域感、安全感和私密性，与周围环境的流动性较差。

图3-2-9 封闭空间

开敞空间（图3-2-10）是外向的，限定度和私密性较小，强调与周围环境的交流、渗透，讲究对景、借景，与大自然或周围空间的融合。在视觉效果方面，开敞空间和同样面积的封闭空间相比，要显得大些。其心理效果表现为开朗、活泼。

间进行组合，这是内部空间设计的基础。由于空间各个组成部分之间的关系主要是通过划分的方式来体现的，而要用什么方式来划分，则要根据室内空间的特点及功能的需求，同时考虑到其艺术特点及心理上的要求来选择。在室内设计中常用虚隔（图3-2-12至图3-2-16）和实隔两种划分方法。

图3-2-10 开敞空间

3. 动态空间与静态空间

动态空间（图3-2-11）是在空间的构成中融入动态因素所形成的一种空间形态。它是把人们带到一个由空间和时间组合的"第四空间"。

图3-2-12 利用材料的质感进行"虚隔"

图3-2-11 动态空间

人们热衷于创造动态空间，基于动静结合的生理规律和活动规律，也是为了满足心理上与静的交替追求。

除此之外，还有虚拟空间与虚幻空间，地台空间与下沉空间，共享空间，母子空间等，这些空间类型都可以根据不同空间的构成运用到设计当中来。

（四）室内空间的划分和组织

1. 室内空间的划分

在进行室内环境设计时，首先要做的是对空

图3-2-13 利用陈设装饰品进行"虚隔"

2. 室内空间的组织

室内各空间并非孤立存在。空间与空间之间应有一定的组织联系，特别是近邻空间。正因为空间之间的相互渗透、相互衬托，才使室内空间显得丰富多彩、变幻莫测。室内空间的组织方式有空间的相邻、空间的穿插（图3-2-17）和空间的过渡（图3-2-18）。

图3-2-14 利用柱体进行"虚隔"

图3-2-17 空间的穿插

图3-2-15 利用水体、绿化进行"虚隔"

图3-2-18 空间的过渡

图3-2-16 利用发光光源进行"虚隔"

二、室内色彩设计

　　色彩是室内造型的另一重要要素，虽然色彩的存在离不开具体的物体，但它却具有比形态、材质、大小更强的视觉感染力，视觉效果更直接。有经验的设计师都十分重视色彩对人的心理和物理的巨大作用，十分重视色彩引起人的联想、情感，以期望在室内环境设计中创造富有性格层次和美感的色彩环境。

　　（一）色彩的生理与心理效应

　　生理心理学表明感受器官能把物理刺激能量（如压力、光、声和化学物质）转化为神经冲动，神经冲动传达到脑而产生感觉和知觉，而人的心理过程，如对先前经验的记忆、思想、情绪和注意集中等，都是大脑较高级部位以一定方式所具有的机能，它们表现了神经冲动的实际活动。有人举例说，伦敦泰晤士河上的黑桥，跳水自杀者比其他桥多，改为绿色后自杀者就少了。这种观察和实验，虽然还不能充分说明不同色彩对人产生的各种各样的作用，但至少已能充分证明色彩刺激对人的身心所起的重要影响。整个机体由于不同的颜色，或者向外胀，或者向内收，并向机体中心集结（图3-2-19）。此外，人的眼睛会很快地在它所注视的任何色彩上产生疲劳，而疲劳的程度与色彩的彩度成正比，当疲劳产生之后眼睛有暂时记录它的补色的趋势。如当眼睛注视红色，产生疲劳时，再转向白墙上，则墙上能看到红色的补色绿色。由此可见，在使用刺激色和高彩度的颜色时要十分慎重，并要注意到在色彩组合时应考虑到视觉残象对物体颜色产生的错觉，以及能够使眼睛得到休息和平衡的机会。

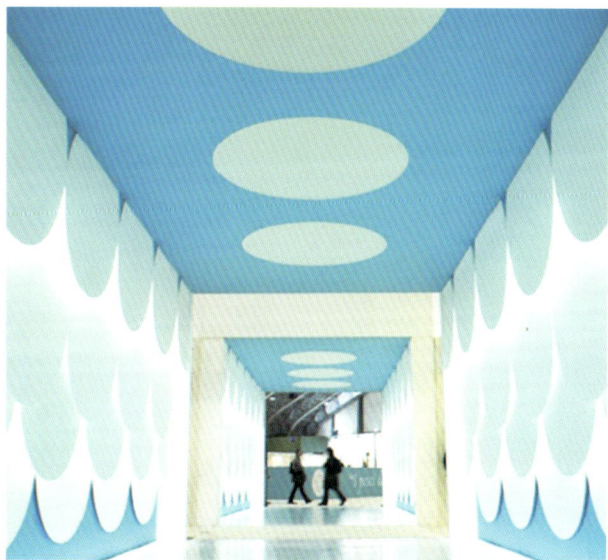

图3-2-20 办公空间明快的色彩

图3-2-21 病房安静的色彩

2. 空间的大小、形式

色彩可以按不同空间大小、形式来进一步强调或削弱。（图3-2-22，图3-2-23）

图3-2-19 蓝色的空间让人清新爽朗

（二）室内色彩设计的基本依据

1. 空间的使用目的

不同的使用目的，如会议室（图3-2-20）、病房（图3-2-21）、起居室，显然在考虑色彩的要求、性格的体现、七分的形成各不相同。

图3-2-22 红色缩小空间

图3-2-23 蓝色延伸空间

3. 空间的方位

不同方位在自然光线作用下的色彩是不同的，冷暖感也有差别，因此，可利用色彩来进行调整。（图3-2-24）

图3-2-24 蓝色布艺沙发与自然光运用

4. 使用空间的人的不同

老人、小孩、男士、女士，对色彩的要求有很大的差别，色彩应适合居住者的爱好。（图3-2-25，图3-2-26）

图3-2-25 年轻人的卧室

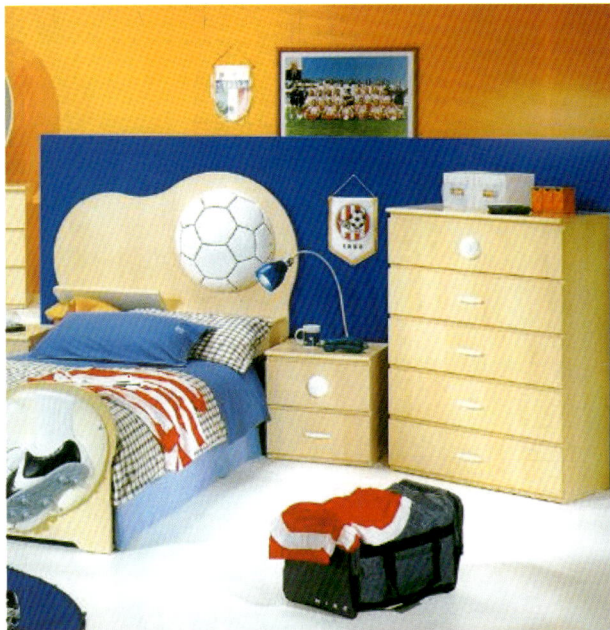

图3-2-26 男孩房

5. 使用者在空间内的活动及使用时间的长短

学习的教室，工业生产车间，不同的活动与工作内容，要求不同的视线条件，才能提高效率、安全和达到舒适的目的。长时间使用的房间的色彩对视觉的作用，应比短时间使用的房间的强得多。色彩的色相、彩度对比等的考虑也存在着差别。对长时间活动的空间，主要应考虑不产生视觉疲劳。

6. 该空间所处的周围情况

色彩和环境有密切联系，尤其在室内，色彩的反射可以影响其他颜色。同时，不同的环境，通过室外的自然景物也能反射到室内来，色彩还应与周围环境取得协调。

7. 使用者对于色彩的偏爱

一般说来，在符合原则的前提下，应该合理地满足不同使用者的爱好和个性，这样才符合使用者心理要求。

（三）室内色彩设计的方法

室内色彩设计方法因人而异，无固定模式，这里介绍的是一般方法。

1. 确定色调

确定色调之前，首先要了解建筑的室内功能，了解使用者的特殊要求，然后在此基础上确定所要表达的室内气氛，如亲切、柔和、庄重、活泼、自然、深沉、幼稚等。根据色彩心理以及设计师的色彩体验具体确定色调。首先要确定的是明度调子，即高明度还是低明度或中间明度。其次是冷暖的推敲，即冷色调还是暖色调或是中间色调。（图3-2-27至图3-2-29）当这些问题考虑清楚了，就可以确定具体的色彩方案。

图3-2-27 暖色调

图3-2-28 冷色调

图3-2-29 中间色调

2. 具体设色

通常先在草图上进行初步色彩方案设计。一是设计地面色彩，二是设计天棚色彩，三是设计墙面色彩，四是设计家具色彩，最后是设计室内陈设的色彩。当这个程序完成后，再从整体统一协调的角度对色彩方案进行调整和修改，然后将方案确定下来。

三、室内照明设计

在室内设计中，光不仅是为满足人们视觉功能的需要，而且是一个重要的美学因素。光可以形成空间，改变空间或者破坏空间，它直接影响到人对物体大小、形状、质地和色彩的感知。因此，室内照明是室内设计的重要组成部分之一，灯光照明不仅是延续自然光，更是在室内设计中充分利用明与暗的搭配，光影组合创造舒适、优美的光照环境。

（一）室内照明设计的方式

1. 整体照明

灯具均匀布置于天棚上，室内各工作面上照度均匀，例如教室、办公室等。整体照明（图3-2-30）的照度因空间性质而异。

2. 局部照明

为了节约电能，同时创造室内的气氛和意境，人们通常在活动需要的地方布置光源，例如客房内的床头灯、壁灯，写字台上的台灯等。（图3-2-31）

3. 混合照明

这是将以上两种方式进行结合的照明形式，

在整体照明的基础上又增加了局部照明，常用于公共建筑的室内空间，如展览馆、医院、商场等。（图3-2-32）

图3-2-30 整体照明

图3-2-31 局部照明

图3-2-32 混合照明

（二）室内照明设计的种类

1. 间接照明

由于将光源遮蔽而产生间接照明，把90%~100%的光射向顶棚、穹窿或其他表面，从这些表面再反射至室内。当间接照明（图3-2-33）紧靠顶棚，几乎可以造成无阴影，这是最理想的整体照明。

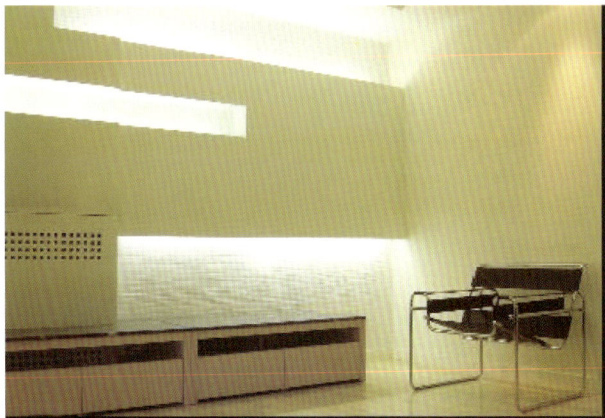

图3-2-33 间接照明

2. 半间接照明

半间接照明将60%~90%的光向天棚或墙上部照射，把天棚作为主要的反射光源，而将10%~40%的光直接照于工作面。从天棚来的反射光，趋向于软化阴影和改善亮度比，由于光线直接向下，照明装置的亮度和天棚亮度接近相等。（图3-2-34）

3. 直接照明

灯光的90%~100%的光量直接投射到被照射

物体上，一般日光灯和白炽灯以及吸顶灯都属于这类照明形式。它的特点是光量大，常用于公共性的大空间。

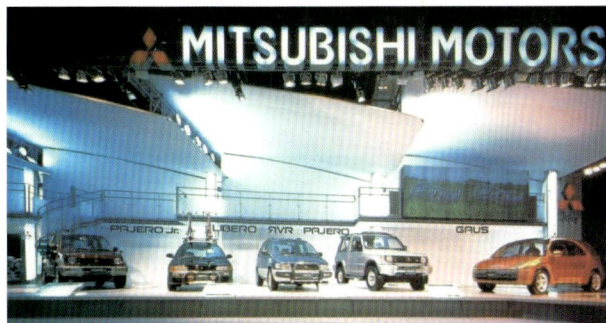

图3-2-34 半间接照明

4. 半直接照明

在半直接照明灯具装置中，有60%~90%的光向下直射到工作面上，而其余10%~40%的光则向上照射，由下射照明软化阴影的光的百分比很少。

5. 漫射照明

这种照明装置，对所有方向的照明几乎都一样，为了控制眩光，漫射装置圈要大，灯的功率要低。

（三）室内照明设计的原则

1. 实用性

室内照明应保证规定的照度水平，满足工作、学习和生活的需要。设计应从室内整体环境出发，全面考虑光源、光质，投光方向和角度的选择，使室内活动的功能、使用性质、空间造型、色彩陈设等与其相协调，以取得整体效果。

2. 美观性

在满足功能的基础上，人们还提出了精神上的要求。照明设计除满足实用之外，还要通过光源的强弱、投射方式、灯具造型等来烘托空间气氛，暗示空间主题，使人得到艺术上的熏陶，从而在精神上产生美的感受。

3. 安全性

一般情况下，线路、开关、灯具的设置都需要有可靠的安全措施，如电路和配电方式要符合安全标准，危险地方要有明显标志，灯具及开关要有安全措施。

（四）室内照明设计的程序

第一，明确照明设施的用途；第二，照明方式的确定；第三，光源的选择；第四，灯具的选择；第五，室内布灯数的确定；第六，灯具的布置。

四、建筑照明

考虑室内照明的布置时应首先考虑使光源布置和建筑结合起来，这不但有利于利用顶面结构和装饰天棚之间的巨大空间，隐藏照明管线和设备，而且还可使建筑照明成为整个室内装修的有机组成部分，达到室内空间完整统一的效果，它对于整体照明更为合适。

（一）窗帘照明

将荧光灯管安置在窗帘盒背后，内漆白色以利反光，光源的一部分朝向天棚，一部分向下用在宙帘或墙上，在窗帘顶和天棚之间至少应有25 cm距离，窗帘盒把设备和窗帘顶部隐藏起来。

（二）底面照明

任何建筑构件下部底面均可作为底面照明，某些构件下部空间为光源提供了一个遮蔽空间，这种照明方法常用于浴室、厨房、书架、镜子、壁龛和搁板。

图3-2-35 发光天棚

（三）龛孔照明

将光源隐蔽在凹处，这种照明方式包括提供集中照明的嵌板固定装置，可为圆的、方的或矩形的金属盘，安装在顶棚或墙内。

（四）发光面板

发光面板可以用在墙上、地面、天棚或某一个独立装饰单元上，它将光源隐蔽在半透明的板后。

发光天棚（图3-2-35）是常用的一种，广泛用于厨房、浴室或其他工作地区，为人们提供一个舒适的无眩光的照明。但是发光天棚有时会使人感觉好像处于有云层的阴暗天空之下。自然界的云是令人愉快的，因为它们经常流动变化，提供视觉的兴趣。而发光天棚则是静态的，因此易造成阴暗和抑郁的氛围。在教室、会议室或类似这些地方，采用时更应小心，因为发光天棚迫使眼睛引向下方，这样就易使人处于睡眠状态。

（五）导轨照明

现代室内，也常用导轨照明（图3-2-36），它包括一个凹槽或装在面上的电缆槽，灯支架就附在上面，布置在轨道内的圆辊可以很自由地转动，轨道可以连接或分段处理，作成不同的形状。这种灯能用于强调或平化质地和色彩，主要决定于灯的所在位置和角度。

图3-2-36 导轨照明

五、室内家具与陈设设计

家具是人们生活的必需品，不论是工作、学习、休息，或坐或卧或躺，都离不开相应家具的依托。此外，在社会、家庭生活中的许多各式各样、大大小小的用品，也均需要相应的家具来收纳、隐藏或展示。因此，家具在室内空间中占有很大的比例和很重要的地位，对室内环境效果有

重要的影响。

（一）家具的发展

我国在唐朝前的家具注重实用，造型简朴。而后开始注意装饰和雕琢，造型趋于隽秀。明代家具艺术达到高峰，其主要特点是用材合理，比例适度，造型简洁。明式家具在国内外享有盛名，它将技术与艺术有机结合，影响深远（图3-2-37）。清代家具的观赏性多于实用性，从而走向繁冗复杂（图3-2-38）。

图3-2-37 明式家具

图3-2-38 清代家具

图3-2-39 哥特式家具

国外家具随历史的发展，先后出现了罗马式、哥特式（图3-2-39）、文艺复兴式（图3-2-40）、巴洛克式、洛可可式等风格。19世纪兴起的工艺美术运动为现代家具发展起到奠基作用。20世纪初随着包豪斯的建立，现代家具风格逐步形成（图3-2-41）。

（二）家具的分类

室内家具可按其使用功能、制作材料、结构构造体系等方面来分类。

按使用功能分为坐卧类、凭倚类、贮存类；按制作材料分为木制家具（图3-2-42）、竹藤家具（图3-2-43）、金属家具（图3-2-44）、塑料家具（图3-2-45）；按构造体系分为框式家具、板式家具、浇注家具、充气家具；按家具组成分为单体家具、配套家具、组合家具。

图3-2-40 文艺复兴式家具

图3-2-42 木制家具

图3-2-41 现代家具

图3-2-43 竹藤家具

设计，而不同形状板面的设计能给人不同的心理感受，如三角形、梯形常给人一种轻飘、凌空的感觉；圆形具有一种恒定之感；菱形或不规则形态则给人一种活泼、轻快之感。

4.家具造型设计要素中的体

在造型设计中，体可理解为由点、线、面围合成的三维空间形成的几何体。在家具造型设计中，正方体和长方体是用得最广的形态，如桌、椅、橱柜等。体的构成可以通过线或面围合空间构成的虚体和由面或块组合成的实体。体的虚实处理给设计作品带来强烈的性格对比。（图3-2-46，图3-2-47）

图3-2-44 金属家具

图3-2-45 塑料家具

（三）家具的造型设计

1.家具造型设计要素中的点

在造型中，相对于整体背景而言，比较小的形体可称为点。家具造型中的点主要指门、抽屉上的拉手、锁孔、沙发软垫的装饰包扣、泡钉、小五金件等常规的功能附件。

2.家具造型设计要素中的线

线在家具设计中主要指家具外形的轮廓线、各种装饰线。线的形态主要有直线和曲线两大类。

3.家具造型设计要素中的面

面在家具造型设计中通常指各种板面的形体

图3-2-46 家具造型要素中的点、线结合

图3-2-47 家具造型要素中的面

（四）家具设计的色彩与质感

1.家具的色彩设计

家具的色彩设计离不开室内的整体氛围。在室内设计中，若整个室内、家具与各界面之间应用调和的手法，则能令空间整体氛围色彩和谐统一，给人一种优雅、宁静、稳重之感（图3-2-48）；若以对比手法处理，家具色彩明快，突出于环境的背景色，则空间氛围显得活跃而又有生气（图3-2-49）。

图3-2-48 具有稳重感的色彩

图3-2-49 具有明快感的色彩

另外，家具的色彩设计还应考虑人的因素。每个人对每种色彩的喜好各不相同，如男性较喜欢冷色，女性则偏好暖色或高明度、高彩度的色彩，儿童喜好纯色，老人则偏好浊色，中年人或文化层次较高的人偏好冷灰色等。

2.家具的质感表现

质感是指材料表面的质地感觉，人们通过触觉和视觉感受到各种不同材料带来的生理与心理感受，如看到石材、金属、玻璃，就会产生力度很重的感觉，同样这类材料由于它们表面很光滑，又能给人一种华丽、庄严的感觉。在家具造型设计中，设计师要运用材料质地的对比手法，以获取生动的家具造型效果。（图3-2-50）

图3-2-50 不同材质的家具

（五）室内陈设设计的作用和分类

1.陈设设计的作用

室内陈设或称摆设，是除家具之后的又一室内重要内容，陈设品的范围非常广泛，内容极其丰富，形式也多种多样，随着时代的发展而不断变化，但是作为陈设的基本目的和深刻意义，始终是以其表达一定的思想内涵和精神文化方面为着眼点，并起着其他物质功能所无法取代的作用，它对室内空间形象的塑造、气氛的表达、环境的渲染起着锦上添花、画龙点睛的作用，也是具有完整的室内空间所必不可少的内容。同时也应指出，陈设品的展示也不是孤立的，必须和室内其他物件相互协调与配合，相得益彰。

2.室内陈设设计的分类

常用的室内陈设品包括字画、摄影作品、雕塑、盆景、工艺美术品和玩具、个人收藏品和纪念品、日用装饰品、织物等。（图3-2-51）

图3-2-51 种类繁多的陈设品

（六）室内陈设品的选择和布置

1. 室内陈设品的选择

室内陈设品的种类繁多，我们在选择陈设品的时候，应从室内环境的整体性出发，在统一中求变化，并根据室内空间的功能和室内整体风格的需要来确定陈设品，以便为室内空间环境锦上添花。在具体的设计布置中，首先应使其室内环境陈设的格调统一，并与整体环境相协调；其次室内环境陈设的构图应均衡，并与其所处空间合理相处；再者就是室内环境中的陈设应有主有次，以使空间层次更为丰富；同时，室内环境中的陈设还应注意观赏效果，并且在室内环境陈设中考虑好陈设物品的安全性，以使室内环境的陈设设计更加合理与出色；最后还应从陈设品的风格、造型、色彩、质感等各个方面加以精心地推敲。

2. 室内陈设品的布置原则

室内陈设设计，是室内环境艺术的再创造。室内各空间环境由于其功能不同，应具有不同的环境气氛。因此，陈设品的布置应遵循一定的原则：第一，陈设品的选择与布置要与整体环境协调一致；第二，陈设品的大小要与室内空间尺度及家具尺度形成良好的比例关系；第三，陈设品的陈设布置要主次得当，增加室内空间的层次感；第四，陈设品的陈列摆放要注重陈列摆放的效果，要符合人们的欣赏习惯。

（七）室内陈设品的陈列方式

1. 台面陈列

台面陈列在生活中的应用范围较广，各种桌面、柜面、台面均可陈列。例如书桌、餐桌、梳妆台、茶几、矮柜等。所以，台面陈列是室内空间中最常见、覆盖面最广、陈设内容最丰富的陈列方式。例如，床头柜上陈列台灯、闹钟、电话等，使用方便；梳妆台上有许多化妆品需要陈列；餐桌上可陈列餐具、花卉、水果等。此外，电器用品、工艺品、收藏品等都可以陈列于台面上。但应当注意的是，台面上陈列的精彩的东西不需要多，只要摆设恰当，就能让人赏心悦目，回味无穷了。（图3-2-52）

3. 橱架陈列

橱架陈列是一种兼具贮藏作用的展示方式，它将各种陈设品统一集中陈列，使空间显得整齐有序，尤其是对于陈设品较多的空间来说，是最为实用有效的陈列方式。例如，书籍杂志、陶瓷、古玩、奖杯、纪念品、一些个人收藏品等，都可采用橱架陈列的方式展示。（图3-2-54）

图3-2-54 橱架陈列

六、室内绿化设计

室内绿化设计指的是利用具有观赏性的植物，结合室内环境和人生活的需要，对室内家具和空间进行装饰、美化。绿化要素由各种类型的绿色植物和花卉所构成，此外，山石、水体、动物等也可成为室内绿化的组成部分。总之，小到桌面上的小瓶插花，大到高大的树木，都属于室内绿化的范围。（图3-2-55，图3-2-56）

图3-2-52 台面陈列

2. 墙面陈列

墙面陈列的陈设品以书画、编织物、挂盘、浮雕等艺术品为主，也可悬挂一些工艺品、照片、纪念品及文体娱乐用品等。将陈设品陈列于墙面，可以丰富室内空间，避免因大面积的空白墙面而产生空洞、单调之感。（图3-2-53）

图3-2-53 墙面排列

图3-2-55 室内绿化

图3-2-56 室内绿化

（一）室内绿化的作用

1. 重新营造室内景观

在室内设计中，植物可以改变空间环境单一、呆板的状态，营造变化、丰富的空间氛围。它们可以通过丰富的色彩、质感，自由的形态，强调室内环境的表现力。

2. 自由组织空间

室内绿化设计通过对视线的聚焦和遮挡，能够调整、引导人的观察视角，自然地解决一些空间结构不理想的问题。通过植物的陈列布置，可以自由地分隔空间，形成隔断或者围合的虚拟空间，从而更好地实现某些特定的空间功能。利用植物的观赏性，还可以吸引人的注意力，自然、含蓄地对空间起到提示与指向的作用。

3. 改善室内物理环境条件

室内绿色设计可以利用植物本身的生态特性来调节温湿度、净化空气、吸音降噪。不少植物的枝叶，在吸附尘埃的同时，可以吸收室内的有毒害的气体、过滤空气。另外，有些植物还能向空气中散发出具有杀菌性能的有机物质，杀灭室内空气中的有害细菌。

（二）室内绿化的选择和布置

1. 室内植物的选择

室内植物的选择是双向的，对室内来说，是选择什么样的植物较为合适；对植物来说，则是什么样的室内环境适合生长。室内绿化的选择主要涉及植物和空间两方面。不同的植物，对光照、温湿度的要求均有差别。为了适应室内条件，应选择能适应低光照、低湿度，耐高温的植物。一般说来，观花植物比观叶植物更需要细心照料。

一般的室内环境由于受阳光照射等条件的局限，室内栽种植物品种多受到限制，所以在选用时应首先考虑如何更好地为室内植物创造良好的生长环境，再从选择室内植物的目的、用途等方面考虑以下问题：第一，选择植物时应让其和室内环境的气氛和风格相一致；第二，植物的大小应该和室内空间尺度及家具有良好的比例关系；第三，植物本身的色彩应该和整个室内色彩协调统一；第四，面向室外的开敞空间，被选植物应与室外植物协调一致。

2. 室内绿化的布置

室内绿化的布置方式多种多样，主要有陈列式（图3-2-57）、攀附式、悬垂式（图3-2-58）、壁挂式（图3-2-59）、栽植式（图3-2-60）等。

图3-2-57 陈列式

图3-2-58 悬垂式

图3-2-59 壁挂式

图3-2-60 栽植式

第三节 室内环境设计的 风格与流派

风格即风度品格，体现创作中的艺术特色和个性；流派指学术、文艺方面的派别。室内设计的风格和流派，属室内环境中的艺术造型和精神功能范畴。它们往往是和建筑以至家具的风格和流派紧密结合；有时也以相应时期的绘画、造型艺术，甚至文学、音乐等的风格和流派为其渊源和相互影响。例如，建筑和室内设计中的后现代主义一词及其含义，最早是起源于西班牙的文学著作中，而风格派则是具有鲜明荷兰特色造型艺术的一个流派。

一、室内环境设计的风格

室内设计风格的形成，是不同的时代思潮和地区特点，通过创作构思和表现，逐渐发展成为具有代表性的室内设计形式。一种典型风格的形成，通常是和当地的人文因素和自然条件密切相关的，又需有创作中的构思和造型的特点。

室内设计的风格主要可分为传统风格、现代风格、后现代风格、自然风格以及混合型风格等。

（一）传统风格

传统风格的室内设计，是在室内布置、线形、色调以及家具、陈设的造型等方面，吸取传统装饰"形""神"的特征。例如，吸取我国传统木构架建筑室内的藻井天棚、挂落、雀替的构成和装饰，见明、清家具的造型和款式特征（图3-3-1）。又如西方传统风格中仿罗马式、哥特式、文艺复兴式、巴洛克、洛可可、古典主义等，其中如仿欧洲英国维多利亚式或法国路易式的室内装潢和家具款式。此外，还有日本传统风格、印度传统风格、伊斯兰传统风格等。传统风格常给人以历史延续和地域文脉的感受，它使室内环境突出了民族文化渊源的形象特征。

图3-3-1 中式传统风格

（二）现代风格

现代风格起源于1919年成立的包豪斯（Bauhaus）学派，该学派强调突破旧传统，创造新建筑，重视功能和空间组织，注意发挥结构构成本身的形式美，造型简洁，反对多余装饰，崇尚合理的构成工艺，尊重材料的性能，讲究材料自身的质地和色彩的搭配效果，发展了非传统的以功能布局为依据的不对称的构图手法。

包豪斯学派的创始人格罗皮乌斯对现代建筑的观点是非常鲜明的，他认为"美的观念随着思想和技术的进步而改变""建筑没有终极，只有不断的变革"。当时杰出的代表人物还有勒·柯布西耶和密斯·凡·德·罗等。现时，广义的现代风格也可泛指造型简洁新颖，具有当今时代感的室内环境。（图3-3-2）

图3-3-2 现代风格的巴塞罗那德国馆

（三）后现代风格

受20世纪60年代兴起的大众艺术的影响，后现代风格是对现代风格中纯理性主义倾向的批判，后现代风格强调建筑及室内设计应具有历史的延续性，但又不拘泥于传统的逻辑思维方式，探索创新造型手法，讲究人情味，常在室内设置夸张、变形的柱式和断裂的拱券，或把古典风格中的部分抽象形式以新的手法组合在一起，即采用非传统的错位、混合、裂变、叠加等手法和象征、隐喻等手段，这种溶感性与理性，集传统与现代、揉大众与行家于一体的建筑形象与室内环境，既能为专家们理解其深奥内涵，又能使寻常百姓感觉其可爱之处。因此，在一定意义上可以认为"后现代"是对"现代"的否定和发展。

（四）自然风格

自然风格倡导回归自然，又称田园风格、地方风格。美学上推崇自然美，认为只有崇尚自然、融于自然，才能在当今高节奏、高科技的社会生活中，使人们的生理和心理达到平衡，因此室内多用石材、织物、木材等天然材料，显示材料本身的纹理，清新淡雅。此外，在室内环境中力求表现悠闲、舒畅、自然的情调，也常运用竹、藤、石等质朴的纹理。注重进行室内生态设计，创造自然、简朴、高雅的氛围。（图3-3-3）

图3-3-3 自然风格

（五）混合型风格

近年来，建筑设计和室内设计在总体上呈现多元化、兼容并蓄的状况。室内布置中也有既趋于现代实用，又吸取传统的特征，在装潢与陈设中溶古今中外于一体，如传统的屏风、茶几和摆设，配以现代风格的墙面及门窗装修、新型的沙发；欧式古典的琉璃灯具和壁面装饰，配以东方传统的家具和埃及的陈设品等。混合型风格虽然在设计中不拘一格，运用多种体例，但设计中仍然是匠心独具，深入推敲色彩、形体、材质等方面的视觉效果和总体构图。（图3-3-4）

图3-3-4 混合型风格

内环境更加绚丽夺目、光彩照人。（图3-3-6）

图3-3-5 法国巴黎蓬皮杜文化艺术中心

图3-3-6 光亮派

二、室内环境设计的流派

流派，这里是指室内设计的艺术差别。现代室内设计从所表现的艺术特点分析，也有多种流派，主要有高技派、光亮派、白色派、新洛可可派、风格派、超现实派、解构主义派以及装饰艺术派等。

（一）高技派

高技派又称重技派，突出当代工业技术成就，并在建筑形体和室内环境设计中加以炫耀，崇尚机械美，在室内暴露梁板、网架等结构构件以及风管、线缆等各种设备和管道，强调工艺技术与时代感。（图3-3-5）

（二）光亮派

光亮派也称银色派，室内设计中夸大新型材料和现代加工工艺的精密细致及光亮效果，往往在室内大量采用平曲面玻璃、镜面、不锈钢，磨光的大理石和花岗石等作为装饰面材，在室内环境的照明方面，常使用折射、投射等各类新型光源和灯具，在镜面和金属材料的映衬下，显得室

（三）白色派

白色派的室内简单朴实，室内各个界面乃至家具陈设等常以白色为基调，简洁明快，例如美国建筑师R.迈耶设计的史密斯住宅和室内的环境就属于此种类型（图3-3-7）。R.迈耶白色派的室内，并不仅仅停留在选用白色、简化装饰等表面处理上，而是具有更为深层次的构思内涵，设计师在室内环境设计时，是综合考虑了室内活动着的人以及透过门窗可见的变化着的室外景物，由此，从某种意义上讲，室内环境只是一种活动场所的"背景"，从而在装饰造型和用色上不作过多渲染。

图3-3-7 史密斯住宅

奇特的家具与设备，有时还以现代绘画或雕塑来烘托超现实的室内环境气氛。超现实派的室内环境较为适宜具有独特视觉形象要求的某些展示或娱乐室内空间。（图3-3-9）

图3-3-8 风格派

（四）新洛可可派

洛可可式原为18世纪盛行于欧洲宫廷的一种建筑装饰风格，以精细轻巧和繁复的装饰为特征，新洛可可派继承了洛可可繁复的装饰特点，但装饰造型的载体和加工技术却运用现代新型装饰材料和现代工艺手段，从而具有华丽而略显浪漫，传统中仍不失有时代气息的装饰氛围。

（五）风格派

风格派起始于20世纪20年代的荷兰，这种风格的室内装饰和家具常采用几何形体和红、黄、青三原色，间或以黑、灰、白等色彩相配合。风格派的室内环境，在色彩及造型方面都具有极为鲜明的特征与个性。建筑与室内常以几何方块为基础，对建筑的室内外空间采用内部空间与外部空间穿插统一构成为一体的手法，并以屋顶、墙面的凹凸和强烈的色彩对块体进行强调。（图3-3-8）

（六）超现实派

超现实派追求所谓超越现实的纯艺术，通过采用异常的空间组织，曲面或具有流动弧形线型的界面，以浓重的色彩，变幻莫测的光影，造型

图3-3-9 超现实派

（七）解构主义派

解构主义是20世纪60年代，以法国哲学家J.德里达为代表所提出的哲学观念，是对本世纪前期欧美盛行的结构主义和理论思想传统的质疑和批判，建筑和室内设计中的解构主义派对传统古典、构图规律等均采取否定的态度，强调不受历史文化和传统理性的约束，是一种貌似结构构成解体，突破传统形式构图，用材粗放的流派。（图3-3-10至图3-3-13）

图3-3-10　柏林犹太博物馆1

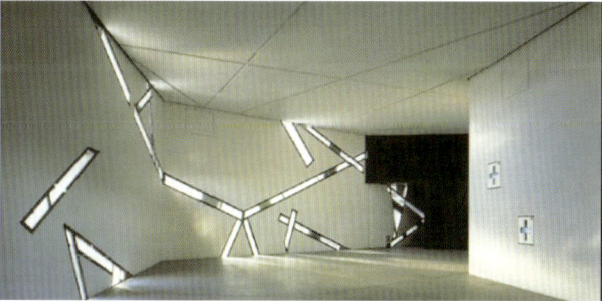

图3-3-11　柏林犹太博物馆2

图3-3-12　柏林犹太博物馆3

图3-3-13　柏林犹太博物馆4

（八）装饰艺术派

装饰艺术派善于运用多层次的几何线型及图案，重点装饰于建筑内外门窗线脚、槽口及建筑腰线、顶角线等部位。上海早年建造的和平饭店及老锦江宾馆等建筑的内外装饰，均为装饰艺术派的手法。近年来一些大型商场和宾馆的室内，出于既具有时代气息，又有建筑文化的内涵考虑，常在现代风格的基础上，在建筑细部饰以装饰艺术派的图案和纹样（图3-3-14）。

图3-3-14　装饰艺术派

当前社会是从工业社会逐渐向后工业社会过渡的时候，人们对自身周围环境的需要除了能满足使用要求、物质功能之外，更注重对环境氛围、文化内涵、艺术质量等精神功能的需求。不同艺术风格和流派的产生、发展和变换，既是建筑艺术历史文脉的延续和发展，同时也必将极大地丰富人们的精神生活。

第四节　室内环境设计的装饰材料与施工

一、室内装饰材料

随着国民经济的发展和人民生活水平的提高，当今对室内设计的要求越来越高。高档次的室内装饰，必须要高档次的装饰材料。现在，装饰材料在工程造价中占60%左右，是一个很大的比重。同时，选用什么品质的材料、是否环保都直接影响到装饰的效果。因此必须认真对待和熟悉材料的性质和用途，合理选择，求得最佳的装饰效果。

（一）室内装饰材料概述

室内装饰材料是指用于建筑物内部墙面、天棚、柱面、地面等的罩面材料。严格地说，应当称为室内建筑装饰材料。

现代室内装饰材料，不仅能改善室内的艺术环境，使人们得到美的享受，同时还兼有隔热、防潮、防火、吸声、隔音等多种功能，起着保护建筑物主体结构，延长其使用寿命以及满足某些特殊要求的作用，是现代建筑装饰不可缺少的一类材料。

（二）室内装饰材料的种类

室内装饰材料种类繁多，按材质分类有塑料、金属、陶瓷、玻璃、木材、无机矿物、涂料、纺织品、石材等种类（图3-4-1至图3-4-10）；按功能分类有吸声、隔热、防水、防潮、防火、防霉、耐酸碱、耐污染等种类；按装饰部位分类则有墙面装饰材料、顶棚装饰材料、地面装饰材料；按装饰部位分类时，室内装饰材料的类别与品种见下表（表3-4-1）。

表3-4-1 室内装饰材料种类

类别	种类	品种举例
内墙装饰材料	墙面涂料	墙面漆、有机涂料、有机无机涂料
	墙纸	纸面纸基壁纸、纺织物壁纸、天然材料壁纸、塑料壁纸
	装饰板	木质装饰人造板、塑料装饰板、金属装饰板、矿物装饰板、陶瓷装饰壁画、穿孔装饰吸音板、植绒装饰吸音板
	墙布	玻璃纤维贴墙布、麻纤无纺墙布、化纤墙布
	石饰面板	天然大理石饰面板、天然花岗石饰面板、人造大理石饰面板、水磨石饰面板
	墙面砖	陶瓷釉面砖、陶瓷墙面砖、陶瓷锦砖、玻璃马赛克
地面装饰材料	地面涂料	地板漆、水性地面涂料、乳液型地面涂料、溶剂型地面涂料
	木竹地板	实木条状地板、实木拼花地板、实木复合地板、人造板地板、复合强化地板、薄木敷贴地板、立木拼花地板、集成地板、竹质条状地板、竹质拼花地板
	聚合物地坪	聚醋酸乙烯地坪、环氧地坪、聚酯地坪、聚氨酯地坪
	地面砖	水泥花阶砖、水磨石预制地砖、陶瓷地面砖、马赛克地砖、现浇水磨石地面
	塑料地板	印花压花塑料地板、发泡塑料地板、塑料地面卷材
	地毯	纯毛地毯、混纺地毯、合成纤维地毯、塑料地毯、植物纤维地毯
吊顶装饰材料	塑料吊顶板	钙塑装饰吊顶板、PS装饰板、玻璃钢吊顶板、有机玻璃板
	木质装饰板	木丝板、软质穿孔吸声纤维板、硬质穿孔吸声纤维板
	矿物吸声板	珍珠岩吸声板、矿棉吸声板、玻璃棉吸声板、石膏吸声板、石膏装饰板
	金属吊顶板	铝合金吊顶板、金属胃穿孔吸声吊顶板、金属箔贴面吊顶板

图3-4-1 天然石材

图3-4-4 实木地板

图3-4-2 金属马赛克

图3-4-5 仿石瓷砖

图3-4-3 石膏线条

图3-4-6 胶合板

图3-4-7 墙布

图3-4-9 纤维织品

图3-4-10 装饰面板

图3-4-8 玻璃

（三）室内装饰材料的装饰功能

1.内墙装饰功能

内墙装饰的功能或目的是保护墙体、保证室内使用条件和使室内环境美观、整洁和舒适。墙体的保护般有抹灰、油漆、贴面等。传统的抹灰能延长墙体使用年限，当室内相对湿度较高，墙面易被溅湿或需用水刷洗时，内墙需做隔气隔水层予以保护。如浴室、手术室，墙面用瓷砖贴面，厨房、厕所做水泥墙裙或油漆或瓷砖贴面等。（图3-4-11）

图3-4-12 天棚装饰

3. 地面装饰功能

地面装饰的目的为：保护楼板及地坪，保证使用条件及起装饰作用。一切楼面、地面必须保证必要的强度、耐腐蚀、耐磕碰、表面平整光滑等基本使用条件。此外，一楼地面还要有防潮的性能，浴室、厨房等的地面要有防水性能，其他住室地面要能防止擦洗地面时生活用水的渗漏。标准较高的地面还应考虑隔气声、隔撞击声、吸音、隔热保温以及富有弹性，使人感到舒适，不易疲劳等功能。（图3-4-13）

图3-4-11 内墙面装饰

内墙的装饰效果由质感、线型与色彩三要素构成。由于内墙与人处于近距离之内，较之外墙或其他外部空间来说，质感要求细腻逼真，线条可以是细致也可以是粗犷有力的不同风格。色彩根据主人的爱好及房间内在性质决定，明亮度则可以随具体环境采用反光性、柔光性或无反光性装饰材料。

2. 天棚装饰功能

天棚可以说是内墙的组成部分，但由于其所处位置不同，对材料的要求也不同，不仅要满足保护天棚及装饰目的，还需具有一定的防潮、耐脏、容重小等功能。

天棚装饰材料的色彩应选用浅淡、柔和的色调，给人以华贵大方之感，不宜采用浓艳的色调。常见的天棚多为白色，以增强光线反射能力，增加室内亮度。天棚装饰还应与灯具相协调，除平板式天棚制品外，还可采用轻质浮雕天棚装饰材料。（图3-4-12）

图3-4-13 地面装饰

地面装饰除了给室内造成艺术效果之外，由于人在上面行走活动，材料及其做法或颜色的不同将给人造成不同的感觉。利用这一特点可以改善地面的使用效果。因此，地面装饰是室内装饰的一个重要组成部分。

（四）室内装饰材料的选择

室内装饰的目的就是造就一个自然、和谐、舒适而整洁的环境，各种装饰材料的色彩、质感、触感、光泽等的正确选用，将极大地影响到室内环境。一般来说，室内装饰材料的选用应根据以下几方面综合考虑。

1. 建筑类别与装饰部位

建筑物有不同种类和功用，如大会堂、医院、办公楼、餐厅、厨房、浴室、厕所等，装饰材料的选择则各有不同要求。例如，大会堂庄严肃穆，装饰材料常选用质感坚硬而表面光滑的材料，如大理石、花岗石，色彩用较深色调，不采用五颜六色的装饰（图3-4-14）。医院气氛沉重而宁静，宜用淡色调和花饰较小或素色的装饰材料。

图3-4-14 人民大会堂

装饰部位的不同，材料的选择也不同。卧室墙面宜淡雅明亮，但应避免强烈反光，采用塑料壁纸、墙布等装饰。厨房、厕所应有清洁、卫生气氛，宜采用白色瓷砖或水磨石装饰。舞厅是娱乐场所，装饰可以色彩缤纷、五光十色，以给人刺激色调和质感的装饰材料为宜。

2. 地域和气候

装饰材料的选用常常与地域或气候有关，水泥地坪的水磨石、花阶砖散热快，在寒冷地区采暖的房间里会引起长期生活在这种地面上的人感觉太冷，从而有不舒适感，故应采用木地板、塑料地板、高分子合成纤维地毯，其热传导低，使人感觉暖和舒适。在炎热的南方，则应采用有冷感的材料。

在夏天的冷饮店，采用绿、蓝、紫等冷色材料使人有清凉的感觉。而地下室、冷藏库则要用红、橙、黄等暖色调，为人们带来温暖的感觉。

3. 场地与空间

不同的场地与空间，要采用与人协调的装饰材料。空间宽大的会堂、影剧院等，装饰材料的表面组织可粗犷而坚硬，并有立体感，可采用大线条的图案。室内宽敞的房间，也可采用深色调和较大图案（图3-4-15），不使人有空旷感。对于较小的房间如目前我国的大部分城市住宅，其装饰要选择质感细腻、线型较细和有扩空效应颜色的材料。

图3-4-15 较大的图案适合大空间

4. 标准与功能

装饰材料的选择还应考虑建筑物的标准与功能要求。例如，宾馆和饭店的建设有三星、四星、五星等级别，要不同程度地显示其内部的豪华、富丽堂皇甚至于珠光宝气的奢华气氛，采用的装饰材料也应区别对待。如地面装饰，高级的选用全毛地毯，中级的选用化纤地毯或高级木地板等。

空调是现代建筑的一个重要方面，要求装饰材料有保温绝热功能，故壁饰可采用泡沫型壁纸，玻璃采用绝热或调温玻璃等。在影院、会议室、广播室等的室内装饰中，则需要采用吸声装饰材料如穿孔石膏板、软质纤维板、珍珠岩装饰吸声板等。总之，随建筑物对声热、防水、防潮、防火等的不同要求，选择装饰材料都应考虑具备相应的功能需要。

5. 民族性

选择装饰材料时，要注意运用先进的材料与装饰技术，表现民族传统和地方特色。例如装饰金箔和琉璃制品是我国特有的装饰材料，这些材料一般用于古建筑或纪念性建筑装饰中，表现我国民族和文化的特色（图3-4-16）。

图3-4-16 具有中国传统特色的装饰材料

6. 经济性

从经济角度考虑装饰材料的选择，应有一个总体观念。即不但要考虑到一次投资，也应考虑到维修费用，且在关键问题上宁可加大投资，以延长使用年限，保证总体上的经济性。如在浴室装饰中，防水措施极重要，对此就应适当加大投资，选择高耐水性装饰材料。

（六）现代室内装饰材料的发展特点

科学的进步和生活水平的不断提高，推动了建筑装饰材料工业的迅猛发展。除了产品的多品种、多规格、多花色等常规观念的发展外，近些年的装饰材料有如下一些发展特点。

1. 质量轻，强度高的产品开发

由于现代建筑向高层发展，所以对材料有了新的要求。从装饰材料的用材方面来看，越来越多地应用如铝合金这样的轻质高强材料。从工艺方面看，采取中空、夹层、蜂窝状等形式制造轻质高强的装饰材料。此外，采用高强度纤维或聚合物与普通材料混合，也是提高装饰材料强度而降低其重量的方法。如近些年应用的铝合金型材、镁铝合金覆面纤维板、人造大理石、中空玻化砖等产品。

2. 产品的多功能性

近些年发展极快的镀膜玻璃、中空玻璃、夹层玻璃、热反射玻璃，不仅调节了室内光线，也配合了室内的空气调节，节约了能源。各种发泡型、泡沫型吸声板乃至吸声涂料，不仅装饰了室内空间，还降低了噪声。以往常用作吊顶的软质吸声装饰纤维板，已逐渐被矿棉吸声板所取代，原因是后者有极强的耐火性。对于现代高层建筑，防火性已是装饰材料不可缺少的指标之一。常用的装饰壁纸，现在也有了抗静电、防污染、报火警、防x射线、防电蚀、防臭、隔热等不同功能的多种型号。

3. 向大规格、高精度发展

陶瓷墙地砖，以往的幅面均较小，现国外多采用300 mm × 300 mm、400 mm × 400 mm，甚至1 000 mm × 1 000 mm的墙地砖。发展趋势是大规格、高精度和超薄型。例如意大利的面砖，2 000 mm × 2 000 mm幅面的长度尺寸精度为±0.2％，直角度为±0.1％。

4. 产品向规范化、系列化发展

装饰材料种类繁多，涉及专业面十分广，具有跨行业、跨部门、跨地区的特点，在产品的规范化、系列化方面有一定难度。但我国根据国内经验，已从1975年开始有计划地向这方面发展，目前已初步形成门类品种较为齐全、标准较为规范的工业体系。但总地来说，尚有部分装饰材料产品尚未形成规范化和系列化体系，这有待于我们进一步努力。

二、室内装饰的施工与工艺

随着时代的发展，室内设计已受到全社会普遍重视并得到极大发展。现代科学技术的发展又为室内设计提供了无比丰富的材料和手段，设计师可充分利用新的科学技术及材料工艺实现对室内空间的构想和创造。

（一）铺设工程

这类工程是指用瓷砖、石材、金属板材等进行室内装饰的工程。

1. 墙、地面瓷砖的施工

铺贴瓷砖的常用施工工具有手动切割机、便携式石材切割机、瓷片切割机；工具有水平尺、线坠、金属抹子、靠尺等。墙砖的排列形式有直线排列、错缝排列（图3-4-17）等。

图3-4-17 铺设墙面瓷砖

墙砖基本的工艺流程：基层处理→墙面弹线→面砖的铺设→嵌缝。

地砖基本的工艺流程：基层处理→放线→铺装。

2. 石材的施工

石材分为天然石材和人造石材。天然石材指将天然石料加工成块材或板材，这里以天然石材为对象进行讲述。

石材铺装施工的电动工具有手动切割机、电锤、台式钻、石材切割机、砂轮机等。手动工具有金属抹子、线坠、靠尺、水平尺等。

目前，墙体的石材铺设方法有传统的改进湿贴法和干挂法两种。

湿贴法的施工流程：基层处理→绑扎钢筋网→石材打眼→挂板、灌浆（图3-4-18）。

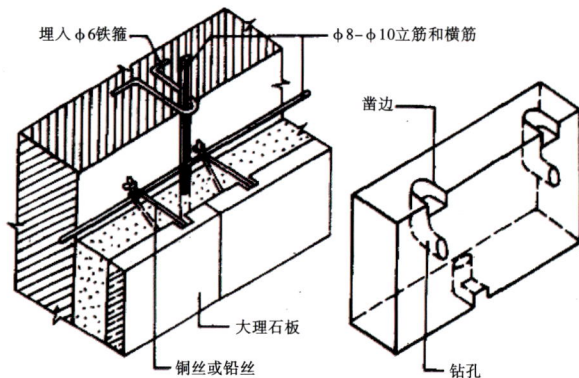

图3-4-18 湿贴法

干挂法的施工流程：基层处理→放线→打孔→板材的安装→嵌缝→安装上一层面板（图3-4-19）。

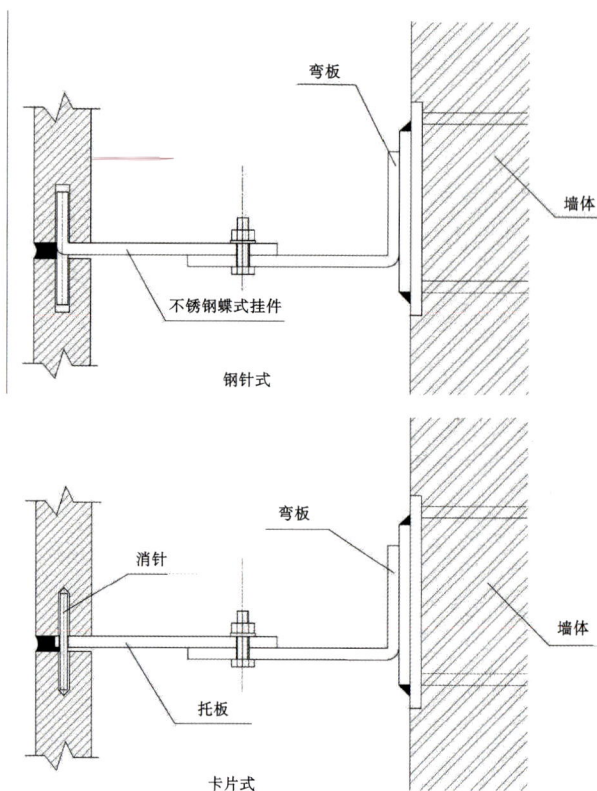

图3-4-19 干挂法

另外，地面石材的铺装与地面瓷砖的铺装大致相同，工序见地面瓷砖的铺装工序。

3. 金属饰面板材的施工

金属饰面板材一般多采用铝合金板、铝塑板、彩色压型钢板和不锈钢板等。

铝合金饰板的安装有两种方法：一是将板条或方板用螺钉、螺栓、柳钉固定在支撑架上；二是将板条卡在特制的支撑龙骨上，此法主要用于内墙施工。（图3-4-20）

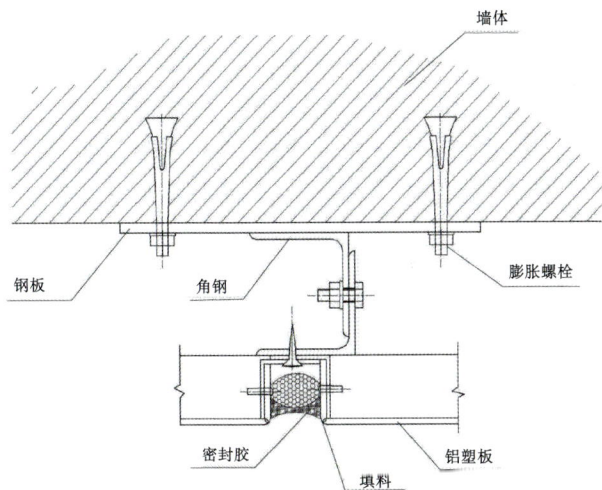

图3-4-20 铝合金饰板的安装

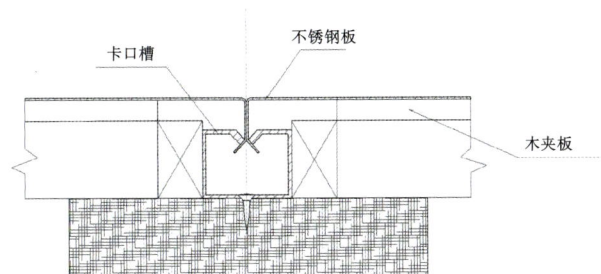

图3-4-21 不锈钢板安装的直接卡口处理

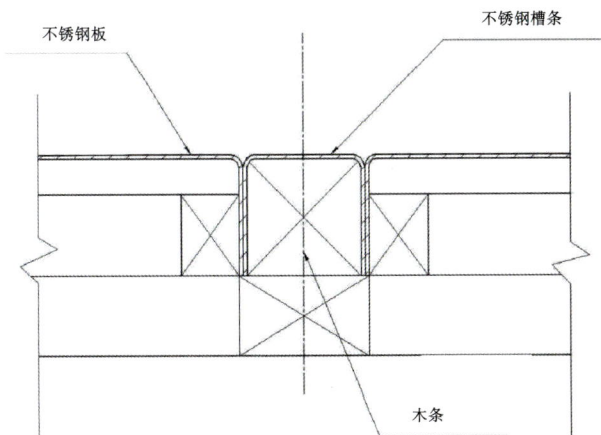

图3-4-22 不锈钢板安装的嵌槽压口处理

不锈钢饰板的施工流程：基体处理→支撑骨架的安装→饰板的安装。不锈钢的安装重点在于边缘的收口处理，收口的处理有直接卡口处理（图3-4-21）和嵌槽压口处理（图3-4-22）。

4. 玻璃材料的施工

全玻璃幕墙是指幕墙的支撑架与幕墙板材均为玻璃材质，结构方式分为后置式、骑缝式、平齐式及突出式四种。（3-4-23）

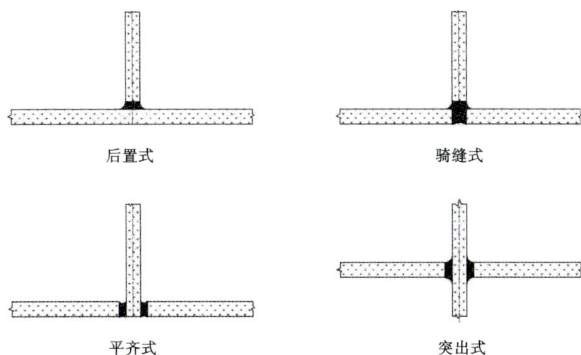

图3-4-23 全玻璃幕墙的四种结构方式

杆式玻璃幕墙是一门新兴的技术，其特点是结构简洁，无任何遮拦，通透性极佳，支撑结构为不锈钢拉杆，玻璃面板由金属紧固件和金属连接件与拉杆或拉索连接。

玻璃砖的施工流程：根据玻璃砖的排列做出基础底脚→玻璃砖的砌筑→勾缝。（图3-4-24）

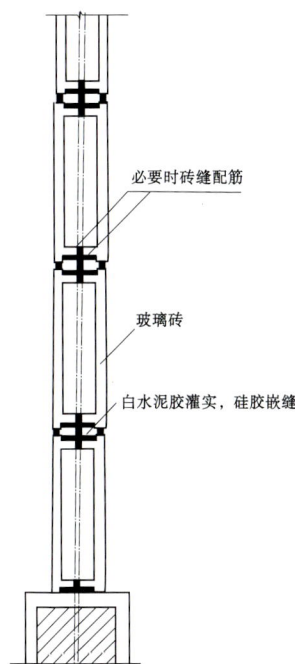

图3-4-24 玻璃砖的施工

5.地板铺装的施工

地板分为实木地板与复合地板，地板的铺装形式分为空铺式和实铺式两种。地板铺装所用工具有手电锯、手锯、气钉枪、气泵等。

空铺式施工流程：弹线→基层施工→一层地板的铺装→表层地板。

实铺式又分为两种方式：一是将木格栅直接固定在基层上；二是将地板直接铺在平整光滑的混凝土基层上（复合板）。

（二）吊顶工程

顶棚工程俗称吊顶，是室内工程施工的重点部位。顶部工程是为了掩盖照明线路、暖通管道和相关的建筑结构而进行的一项隐蔽工程，同时又存在着一定的艺术处理，因此它的效果好坏会直接影响室内空间的整体效果。

目前顶棚工程可分为固定式吊顶、活动式吊顶、开放式吊顶三种形式，三者的施工流程是相同的，只是选用的吊顶材料不同。

1.吊顶施工的常用工具

一般工具有活扳手、钳子、锤子、水平尺、不锈钢直尺、2~5 m钢卷尺、30 m钢卷尺、拉线、钢刷等。电、气动工具有微型电钻、冲击钻、电锤、便携电动砂轮、砂纸机、气泵、射钉枪等。机械工具有手提式电动曲线锯、手提电锯、电动液压升降台、脚手架等。

2.吊顶工程的施工

吊顶安装的工艺流程：清理吊顶基层→测量放线→固定吊杆或楼板的连接件→安装吊杆→组装龙骨→校正、固定吊杆→安装电气照明、通风、消防设备及管道→安装吊顶饰面板→调平固定。（图3-4-25，图3-4-26）

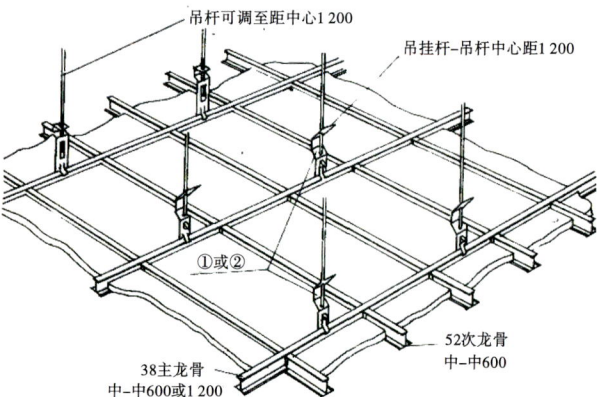

图3-4-25 金属龙骨吊挂连接

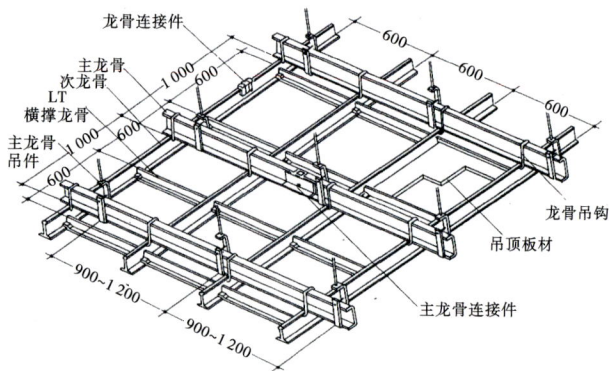

图3-4-26 金属龙骨卡入式弹簧吊挂连接

（三）涂饰工程

在室内的施工工程中，涂饰施工是一种应用非常广泛的装饰方式。建筑内墙涂饰的材料主要选用乳胶漆，其特点是无毒、耐水、耐摩擦、遮盖力强、附着力好，而且宜清洁、色泽淡雅、质感好、施工方便。

乳胶漆涂饰方法很多，如刷涂、喷涂、弹涂等，在此只重点介绍刷涂方法。

涂饰常用的工具多样。涂刷工具有羊毛滚、棕刷、毛刷、羊毛排笔等。喷涂工具有喷斗、挡塑料布、料桶、料勺、乳胶手套。

刷涂的工艺流程：基层处理→涂料的涂刷（通常基层表面的涂刷要经过三遍）。

（四）裱糊工程

裱糊施工是室内常见的一种装饰施工，主要用于墙体和顶棚的处理，材料为壁纸和壁布。

裱糊施工常用工具有水平尺、剪刀、排笔、鬃刷、线坠、不锈钢直尺、壁纸刀、刮板、胶滚等。

贴壁纸的工艺流程：基层处理→弹线→裁纸→浸泡壁纸→涂胶裱糊→裱糊的拼接、修整。

壁布裱糊前的基层处理与裱糊壁纸的基层处理相同。弹线也与壁纸的弹线基本相同。

思考与练习题

1.室内环境设计的含义和内容是什么？

2.室内环境设计的相关设计要素由哪些？

3.请列举4~6种室内空间的类型。

4.室内色彩设计的基本要求有哪些？

5.室内照明设计的方式有哪些？

6.室内家具的分类有哪些？

7.室内陈设品的陈列方式有哪些？

8.请列举室内环境设计的主要风格与流派。

9.室内装饰材料的种类有哪些？

第四章 景观环境设计

第一节 景观环境设计的
概念及其发展过程

景观环境设计是艺术设计的一个门类，属于人文学科，是环境设计的组成部分。景观设计的范畴从绵延几十公里的风景区规划，到十几平方米的庭院设计均属于此。

近年来，我们生活的城市发生了很大的变化，越来越多的广场绿地、商业步行街、主题公园、街头小品出现在我们的视线以内，影响着我们的感观和行为方式。目前很多新建的住宅小区的房地产营销策略，也都以景观优美的园林作为卖点。景观设计越来越多的影响着我们的生活。

一个有良好景观的城市环境、居住环境，为人们提供了物质功能和精神功能双重价值。"诗意的栖居"始终是人们内心的向往，而景观设计正是通过提高生活品质，提升生活品位，以人为主体，以空间环境为客体，构架着现实通向理想的桥梁。（图4-1-1）

图4-1-1 居住空间景观设计

一、景观的概念

美国设计师协会对其定义为：景观设计（Landscape）包括自然及建成环境的分析。

景观是指土地及土地上的空间和物质所构成的综合体。它是复杂的自然过程和人类活动在大地上的烙印。景观是多种功能（过程）的载体，因而可被理解和表现为：风景，视觉审美过程的对象；栖居地，人类生活其中的空间和环境；生态系统，一个具有结构和功能、具有内在和外在联系的有机系统；符号，一种记载人类过去、表达希望和理想，赖以认同和寄托的语言和精神空间。

二、景观环境设计的起源与发展

经历了几千年的历史，世界各民族在驾驭地形、地貌，选择构园素材，经营山水与建筑，创造艺术意境等方面，都各有不同的文化表征，因而形成了以具有鲜明特征的美索不达米亚文明的西亚造园、起源于埃及的欧洲造园及以中国文明为主的东亚造园组成的世界三大园林系统。虽然随着时代的进步，各种文化及文明进行大量的传播和交流，但是在各个地域和国家依然较多地保持他们各自的文化特点。在不同的历史时期，不同国家或民族中，因对景观的理解和表达方式的不同，而产生的不同的人文景观，如埃及尼罗河岸边的金字塔、巴比伦空中花园、意大利埃斯特别墅、西班牙的阿尔罕布拉宫、法国的凡尔赛宫和中国的颐和园、拙政园、狮子林等都堪称世界景观中的杰作。（图4-1-2，图4-1-3）

图4-1-2 凡尔赛宫花园

图4-1-3 苏州拙政园

现代景观（风景园林）运动发源于西方。从发展历程的角度来看，西方现代景观设计大致分为以下三个阶段。

（一）现代景观设计的探索阶段

欧洲的早期现代艺术和新艺术运动促成了景观审美和景观形态的空前变革，而欧美城市公园运动则开启了现代景观的科学之路。

（二）现代主义景观设计广泛应用阶段

从20世纪20—30年代美国加州花园到20世纪50—60年代景观规划设计事业的迅速发展，各个国家形成了不同的流派和风格，但都集中表现为现代主义倾向的反传统、强调空间和功能的理性设计。

（三）现代之后的景观设计

一方面，生态主义成为20世纪60—80年代的主潮，另一方面，现代之后的非理性促成了景观设计的多元化发展。（图4-1-4）

图4-1-4 面包圈花园　玛莎·施瓦茨

第二节 景观环境设计的相关设计要素

景观环境设计是一门现代综合性的交叉学科。所有的景观都是通过景观要素来体现的，地形地貌，道路，植被，水体，铺地和景观小品五个部分组成了景观环境设计的素材和内容。其中地形地貌是设计的基础，其余是设计的要素。

一、地形地貌

地形地貌是景观环境设计最基本的场地和基础。地形地貌总体上分为山地和平原。进一步可以划分为盆地、丘陵，局部可以分为凹地、凸地等。在景观环境设计时，要充分利用原有的地形地貌，考虑生态学的观点，营造符合当地生态环境的自然景观，减少对其环境的干扰和破坏。同时，在设计中一定要考虑土石方量的开挖，以节约经济成本。因此，充分考虑应用地形特点，因地制宜，就地取材改造地形，是安排布置好其他景观元素的基础。（图4-2-1）

在具体的设计表现手法方面，可以采用GIS新技术，如VR仿真技术手段进行三维地形的表现，以便真实地模拟实际地形，表达景观设计后的场景效果，更好地和客户进行交流沟通。

景观环境设计的地形简单说有如下四点作用：

①改善植物种植条件，提供干、湿以至水中、阴、阳、缓陡费等多样性环境。

②利用地形自然排水所形成的水面提供多种景观用途，同时具有灌溉、抗旱、防灾作用。

③创造园林活动项目、建筑所需各种地形环境。

④组织景观空间，形成秀美园林景观。

二、植被绿化设计

植被是景观设计的重要素材之一。景观设计中的植被包括草坪、灌木和各种大、小乔木等。巧妙合理地运用植被不仅可以成功营造出人们喜欢的各种空间，还可以改善住户的局部气候环境，使住户和邻里在舒适愉悦的环境里完成交谈、照看小孩等活动。（图4-2-2）

图4-2-1 景观设计元素——地形地貌

图4-2-2 植被绿化设计

（一）植被绿化设计的作用

植被的功能包括视觉功能和非视觉功能。植被的视觉功能指植被在审美上的功能，是否能使人感到心旷神怡。通过视觉功能可以实现空间分割，形成构筑物，景观装饰等功能。

植被的功能分为四大方面：建筑功能、工程功能、调节气候功能、美学功能。

①建筑功能：界定空间、遮景、提供私密性空间和创造系列景观等，简言之，即空间造型功能。

②工程功能：防止眩光、防止水土流失、噪音及交通视线诱导。

③调节气候功能：遮荫、防风、调节温度和影响雨水的汇流等。

④美学功能：强调主景、框景及美化其他设计元素，使其作为景观焦点或背景；另外，利用植被的色彩差别、质地等特点还可以形成小范围的特色，以提高住区的识别性，使住区更加人性化。（图4-2-3）

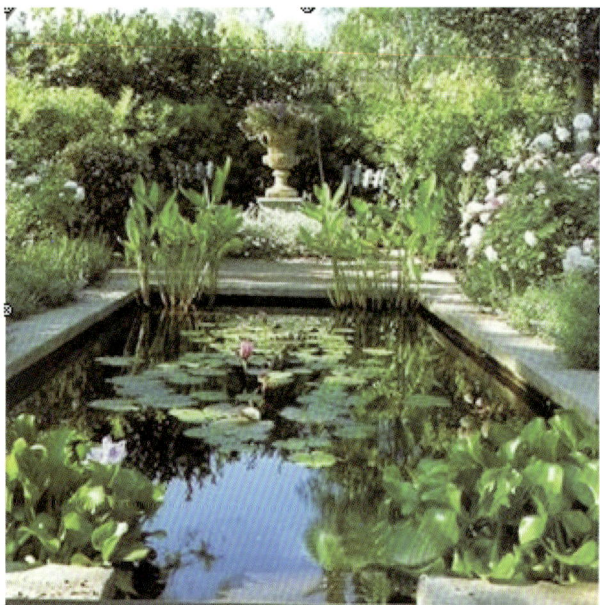

图4-2-3 植物的美学功能

（二）植被绿化设计要点

①与景观道路、广场有关的植被绿化形式有中心绿岛、回车岛等；行道树；花钵、花树坛、树阵；两侧绿化。（图4-2-4）

②最好的绿化效果，应该是林荫夹道。郊区大面积绿化，行道树可和两旁绿化种植结合在一起，自由进出，不按间距灵活种植，创造路在林中走的意境。城市绿地则要多几种绿化形式，才能减少人为的破坏。在行车道路，绿化的布置要符合行车视距、转弯半径等要求。特别是不要沿路边种植浓密树丛，以防人穿行时刹车不及。

③要考虑把"绿"引申到道路、广场的可能，相互交叉渗透，最为理想：使用点状路面，如旱汀步、间隔铺砌；使用空心砌块，目前使用最多是植草砖。

④道路和绿地的高低关系。设计好的道路，常是浅埋于绿地之内，隐藏于绿丛之中的。

城市道路的绿化，与道路的性质相关有很大不同，如高速公路、高架路、景观大道、步行街等。

另附：

①景观植物种植意向图。（图4-2-5）

②常用景观植物举例。（图4-2-6）

图4-2-4 植被绿化形式

图4-2-5 植物种植意向图

红花继木　　　杜鹃　　　火棘　　　木槿　　　八仙花

女贞　　　南天竹　　　金边黄杨　　　瓜子黄杨　　　海桐

枸骨　　　金丝桃　　　桃叶珊瑚　　　金盏菊　　　铺地柏

香樟　　　合欢　　　栾树　　　雪松　　　银杏　　　白玉兰

红枫　　　女贞　　　紫玉兰　　　桂花　　　水杉

钢竹　　　紫荆　　　木槿　　　桔梗　　　樱花

图4-2-6 常用景观植物

三、地面铺装

地面铺装和植被绿化设计有一个共同的地方即交通视线诱导（包括人流、车流）。这里所说的道路，是指景观绿地中的道路、广场等各种铺装地坪。它是景观设计中不可缺少的构成要素，是景观的骨架、网络。景观道路的规划布置，往往反映不同的景观面貌和风格。景观道路和多数城市道路的不同之处在于除了组织交通、运输，还有其景观上的要求：组织游览线路，提供休憩地面。景观道路、广场的铺装、线型、色彩等本身也是景观的一部分。总之，当人们到景区，沿路可以休憩观景，景观道路本身也成为观赏对象。

无论是运用何种素材进行景观设计，首要的目的是满足设计的使用功能。地面铺装和植被设计在手法上表现为构图，但其目的是方便使用者，提高对环境的识别性。在明晰了设计的目标后，我们可以放心地探讨地面铺装的作用、类型和手法。

（一）铺装的作用

铺装有以下作用：

①为了适应地面高频率的使用，避免雨天泥泞难走。

②给使用者提供适当范围的坚固的活动空间。

③通过布局和图案引导人行流线。

（二）铺装的类型

按照铺装的材质分为以下（图4-2-7）：

①沥青铺装，多用于城市道路、国道。

②混凝土铺装，多用于城市道路、国道。

③卵石嵌砌铺装，多用于各种公园、广场。

④砖砌铺装，用于城市道路、小区道路的人行道、广场。

⑤石材铺装。

⑥预制砌块。

地面铺装的手法在满足使用功能的前提下，常常采用线性、流行性、拼图、色彩、材质搭配等手法为使用者提供活动的场所或者引导行人通达某个既定的地点。

（三）设计要点

①广场内同一空间，道路同一走向，用一种式样的铺装较好，这样几个不同地方不同的铺砌，组成一个整体，达到统一中求变化的目的。

②一种类型铺装内，可用不同大小、材质和拼装方式的块料来组成，关键是用什么铺装在什么地方。

图4-2-7 地面铺装

③块料的大小、形状，除了要与环境、空间相协调，还要适于自由曲折的线型铺砌，这是施工简易的关键。

④块料路面的边缘，可用压顶石收边或设立路缘石加固。最重要的是园路两侧绿地是否高出地面，在绿化尚未成型时，须以侧石防止水土冲刷。

⑤建议多采用自然材质块料。这样可以接近自然，朴实无华，价廉物美，经久耐用。

四、水体设计

一个城市会因山而有势，因水而显灵性。为表现自然，水体设计是造园最主要因素之一。不论哪一种类型的景观，水是最富有生气的因素，无水不活。喜水是人类的天性。水体设计是景观设计的重点和难点。水的形态多样，千变万化。

（一）水体设计分类

景观设计大体将水体设计分为静态水和动态水的设计。静有安详，动有灵性。自然式景观以表现静态的水景为主，以表现水面平静如镜或烟波浩渺的深远的境界取胜。自然式景观也表现水的动态美，但不是喷泉和规则式的台阶瀑布，而是自然式的瀑布。（图4-2-8，图4-2-9）

图4-2-8 水体设计1

图4-2-9 水体设计2

　　自然状态下的水体和人工状态下的水体，其侧面、底面也是不一样的，自然状态下的水体如自然界的湖泊、池塘、溪流等，其边坡、底面均是天然形成的。人工状态下的水体如喷水池、游泳池等，其侧面和底面均为人工构筑物。

　　根据水景的功能还可以将其分为观赏类和嬉水类。

　　（二）水体的外界环境

　　水体附近若有地下车库、商场、复杂管网等地下构造物，甚至水体就在地下室的上空，这时必须设计人工防水层，以减少水体渗漏对地下构造物的不利影响，这是城市广场和小区内水体设计经常遇到的情况。凡是有这种情况的自然式河道、溪涧，宜做人工防水层。

　　（三）水体设计要考虑的因素

　　水体设计要考虑以下几点。

　　①水景设计和地面排水结合。

　　②管线和设施的隐蔽性设计。

　　③防水层和防潮性设计。

　　④与灯光照明相结合。

　　⑤寒冷地区考虑结冰防冻。

五、设施景观小品

设施景观小品是景观环境设计中的非常重要的组成要素之一，设施景观主要指各种材质的公共艺术雕塑或者与艺术化的公共设施如垃圾箱、座椅、公用电话、指示牌、路标等。它们作为城市中景观的组成部分是不太引人注意的，但是它们却又是城市生活中不可或缺的设施，是现代室外环境的一个重要组成部分，有人又称它们是"城市家具"。还有一些大的设施在人们生活中也扮演着重要角色，如运动场等。无论这些设施的大小，它们都已经越来越成为城市整体环境的一部分，也是城市景观营建中不容忽视的环节，所以又被称为"设施景观"。它是景观环境设计中的一个视觉亮点，吸引游人停留、驻足。一个好的景观小品不仅仅满足艺术及功能两方面要求，还要与整个景观环境相协调，服务整个景观环境的主题。

（一）运用原则

景观的设计当然应该首先注重实用，同时其所设置的环境也是人们户外活动的场所，所以应该以适合、适用为原则。各项设施、设备应该以满足使用者的需求为主，在符合人性化的尺度下，提供合宜的设施和设备，并考虑外观美，以增加环境视觉美的趣味。

另外，设计中还必须考虑到设施景观的安全性，以防止它们被盗或遭到破坏，大型的运动设施应建造必要的围护。对于小型的设施应该把它们牢固地安装在地面或者墙上，保证所有的装配构件都没有被移动、拆卸的可能。

（二）景观设施分类

按照设施景观的服务用途，可以将景观分为七类（图4-2-10，图4-2-11）：

①休息设施，如座椅、野外桌等。

②服务设施，如电话亭、滩亭、邮筒等。

③信息设施，如标志、指示牌等。

④卫生设施，如饮用水栓、洗手洗脚设施、垃圾桶、公用厕所等。

图4-2-10 休息设施小品

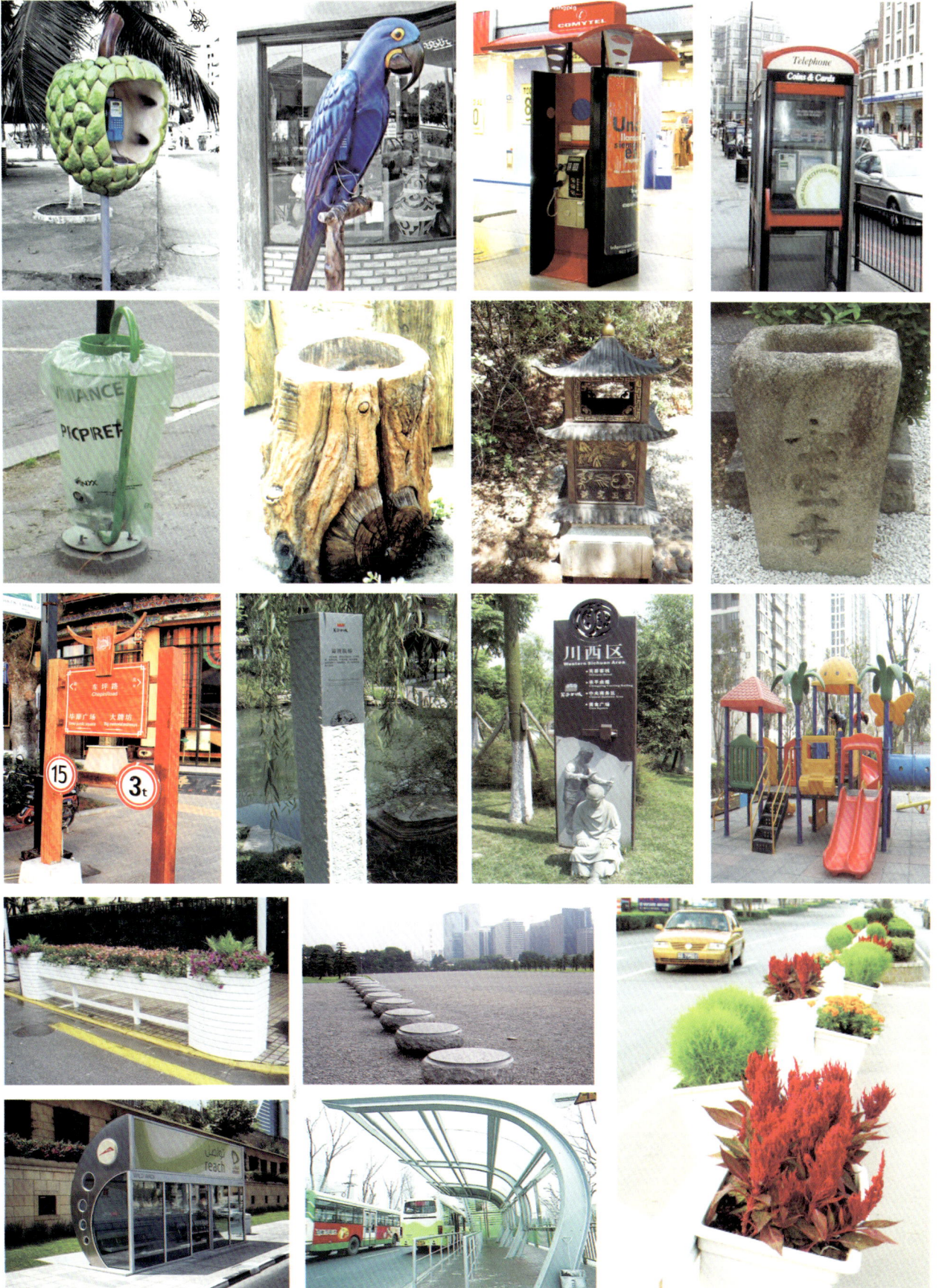

图4-2-11 景观设施小品

⑤运动设施，如各类运动场、球场、高尔夫球场等。

⑥游乐设施，如儿童游戏设施等。

⑦交通设施，如分隔墩、隔离墩、路障、候车亭等。

任何景观环境艺术无非都是由点、线、面的抽象形式来表达构图，体现意境美感的，而其最小的基本形式则是点，景观环境中的景观小品则就是带有点的特性。景观小品虽小，却意境无穷，将会越来越为人们所重视，可以说景观小品的地位如同一个人的肢体与五官，它能使景观环境这个躯干表现出无穷的活力、个性与美感。

第三节 景观环境设计的组景方法

景观设计是多项工程配合、相互协调的综合设计，就其复杂性来讲，需要考虑交通、水电、园林、市政、建筑等各个技术领域。各种法则、法规都要了解掌握，才能在具体的设计中，运用好各种景观设计要素，安排好项目中每一地块的用途，设计出符合土地使用性质的、满足客户需要的、比较适用的方案。景观设计中一般以建筑为硬件，以绿化为软件，以水景为网络，以小品为节点，采用各种专业技术手段辅助实施设计方案。

从设计方法或设计阶段上讲，大概的有以下几个方面。

一、构思

构思是一个景观环境设计最重要的部分，也可以说是景观环境设计的最初阶段。从学科发展和国内外景观设计实践情况来看，景观设计的含义相差甚大。一般的观点都认为景观设计是关于如何合理安排和使用土地，解决土地、人类、城市和土地上的一切生命的安全与健康以及可持续发展的问题。它包括区域、新城镇、邻里和社区规划设计，公园和游憩规划，交通规划，校园规划设计，景观改造和修复，遗产保护，花园设计，疗养及其他特殊用途区域等很多的领域。同时，从目前国内很多的实践活动或学科发展来看，着重于具体的项目本身的环境设计，这就是狭义上的景观设计。但是这两种观点并不相互冲突。

综上所述，无论是关于土地的合理使用，还是一个狭义的景观设计方案，构思都是十分重要的。

构思是景观规划设计前的准备工作，是景观设计不可缺少的一个环节。构思首先考虑的是满足其使用功能，充分为地块的使用者创造、安排出满意的空间场所，又要考虑不破坏当地的生态环境，尽量减少项目对周围生态环境的干扰和破坏。然后，采用构图以及下面将要提及的各种手法进行具体的方案设计。（图4-3-1）

图4-3-1 校园景观设计

二、构图

在构思的基础上就是构图的问题了。构思是构图的基础，构图始终要围绕着满足构思的所有功能。在这当中要把主要的注意力放在人和自然的关系上。中国早在春秋战国时代，就进入协调的阶段，所以在造园构景中运用多种手段来表现自然，以求得渐入佳境、小中见大、步移景异的理想境界，以取得自然、淡泊、恬静、含蓄的艺术效果。而现代的景观设计思想也在提倡人与人、人与自然的和谐，景观设计师的目标和工作就是帮助人类，使人、建筑、社区、城市以及他们的生活，同自然和谐相处。

景观设计构图包括两个方面的内容，即平面构图组合和立体造型组合。

平面构图，主要是将交通道路、绿化面积、小品位置，用平面图示的形式，按比例准确地表现出来。

立体造型，整体来讲，是地块上所有实体内容的某个角度的正立面投影；从细部来讲，主要选择景物主体与背景的关系来反映，从以下的设计手法中可以体现出这层意思。

三、对景与借景

景观设计的构景手段很多，比如，讲究设计景观的目的、景观的起名、景观的立意、景观的布局、景观中的微观处理等，这里就一些在平时工作中使用较多的景观规划设计方法做一些介绍。景观设计的平面布置中，往往有一定的建筑轴线和道路轴线，在轴线尽端的不同地方，安排一些相对的、可以互相看到的景物，这种从甲观赏点观赏乙观赏点，从乙观赏点观赏甲观赏点的方法（或构景方法），就是对景。对景往往是平面构图和立体造型的视觉中心，对整个景观设计起着主导作用。对景可以分为直接对景和间接对景。直接对景针对视觉最容易发现的景，如道路尽端的亭台、花架等，一目了然；间接对景不一定在道路的轴线上或行走的路线上，其布置的地方往往有所隐蔽或偏移，给人以惊异或若隐若现之感。（图4-3-2）

借景也是景观设计中常用的手法。通过建筑的空间组合，或建筑本身的设计手法，将远处的景致借用过来。大到皇家园林，小至街头小品，

空间都是有限的。在横向或纵向上要让人扩展视觉和联想，才可以小见大，最重要的办法便是借景。所以古人计成在《园冶》中指出，"园林巧于因借"。借景有远借、邻借、仰借、俯借、应时而借之分。借远方的山，为远借；借邻近的大树，为邻借；借空中的飞鸟，为仰借；借池塘中的鱼，为俯借；借四季的花或其他自然景象，为应时而借。如苏州拙政园，可以从多个角度看到几百米以外的北寺塔，这种借景的手法可以丰富景观的空间层次，给人极目远眺、身心放松的感觉。（图4-3-3）

图4-3-2 对景

图4-3-3 借景

四、添景与障景

当一个景观在远方，或自然的山，或人为的建筑，如没有其他景观在中间、近处作过渡，就会显得虚空而没有层次；如果在中间、近处有小品、乔木作中间、近处的过渡景，景色会显得有层次美，这中间的小品和近处的乔木，便叫做添景。如当人们站在北京颐和园昆明湖南岸的垂柳下观赏万寿山远景时，万寿山因为有倒挂的柳丝作为装饰而生动起来。（图4-3-4）

图4-3-4 添景

"佳则收之，俗则屏之"是我国古代造园的原则之一，在现代景观设计中，也常常采用这样的思路和手法。隔景是将好的景致收入到景观中，将乱差的地方用树木、墙体遮挡起来。障景是直接采取截断行进路线或逼迫其改变方向的办法用实体来完成。

五、引导与示意

引导的手法是多种多样的。采用的材质有水体、铺地等。如公园的水体，水流时大时小，时宽时窄，将游人引导到公园的中心。示意的手法包括明示和暗示。明示指采用文字说明的形式如路标、指示牌等小品的形式。暗示可以通过地面铺装、树木的有规律布置的形式指引方向和去处，给人以身随景移和"柳暗花明又一村"的感觉。（图4-3-5）

图4-3-5 引导与示意

六、渗透和延伸

在景观设计中，景区之间并没有十分明显的界限，而是你中有我，我中有你，渐而变之。使诸多景物融为一体，景观的延伸常引起视觉的扩展。如用铺地的方法，将墙体的材料使用到地面上，将室内的材料使用到室外，互为延伸，产生连续不断的效果。渗透和延伸经常采用草坪、铺地等的延伸、渗透，起到连接空间的作用，给人在不知不觉中景物已发生变化的感觉。在心理感受上不会戛然而止，给人良好的空间体验。（图4-3-6）

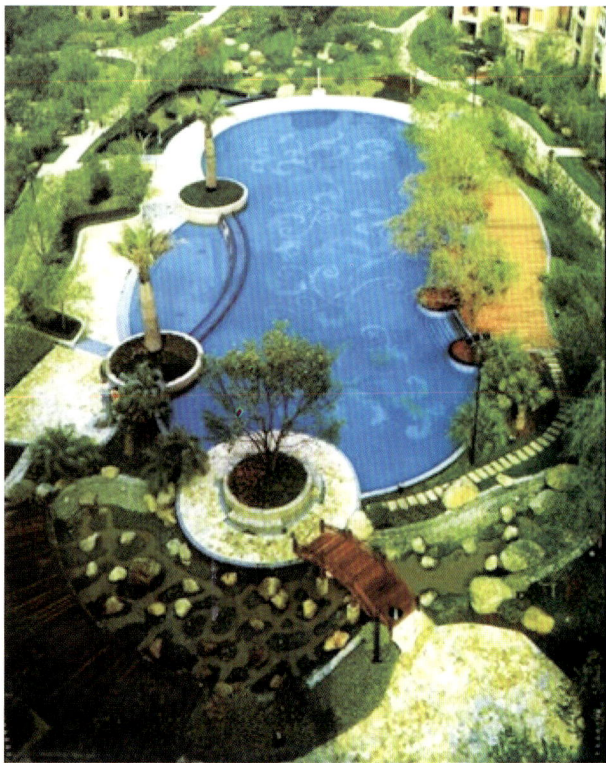

图4-3-6 渗透和延伸

七、尺度与比例

景观设计主要尺度依据在于人们在建筑外部空间的行为，人们的空间行为是确定空间尺度的主要依据。如学校的教学楼前的广场或开阔空地，尺度不宜太大，也不宜过于局促。太大了，学生或教师使用、停留会感觉过于空旷，没有氛围；过于局促会使得人们在其中会觉得过于拥挤，失去一定的私密性，这也是人们所不会认同的。因此，无论是广场、花园或绿地，都应该依据其功能和使用对象确定其尺度和比例。合适的尺度和比例会给人以美的感受，不合适的尺度和比例则会让人感觉不协调、别扭。以人的活动为目的，确定尺度和比例才能让人感到舒适、亲切。

具体的尺度、比例，许多书籍资料都有描述，但最好的是从实践中把握感受。如果不在实践中体会，在亲自运用的过程中加以把握，那么是无论如何也不能真正掌握合适的比例和尺度的。比例有两个度向，一是人与空间的比例，二是物与空间的比例。在其中一个庭院空间中我们安放点景的山石，多大的比例合适呢？应该照顾到人对山石的视觉，把握距离以及空间与山石的体量比值。太小，不足以成为视点；太大，又变成累赘。总之，尺度和比例的控制，但从图画方面去考虑是不够的，综合分析现场的感觉才是最佳的方法。

八、质感与肌理

景观设计的质感与肌理主要体现在植被和铺地方面。不同的材质通过不同的手法可以表现出不同的质感与肌理效果。例如花岗石的坚硬和粗糙，大理石的纹理和细腻，草坪的柔软，树木的挺拔，水体的轻盈。对这些不同材料加以运用，有条理地加以变化，将使景观富有更深的内涵和趣味。

九、节奏与韵律

节奏与韵律是景观设计中常用的手法。在景观的处理上节奏包括：铺地中材料有规律的变化，灯具、树木排列中以相同间隔距离的安排，花坛座椅的均匀分布等。韵律是节奏的深化。例如临水栏杆设计成波浪式一起一伏很有韵律，整个台地都用弧线来装饰，不同弧线产生了向心的韵律来获得人们的赞同。（图4-3-7）

图4-3-7 节奏和韵律

以上是景观设计中常采用的一些手法，但它们是相互联系综合运用的，并不能截然分开。只有在了解这些方法，加上更多的专业设计实践，才能很好地将这些设计手法，熟记于胸，灵活运用于方案之中。

第四节　　景观环境设计的分类

景观环境设计是应用实践性的专业，随着现代科学的不断进步，学科与学科之间日益综合化，景观环境设计所涉及的内容也相当的广泛，下面我们从城市景观空间类型出发进行认知和认识。

城市环境是由"线"与"点"两种类型的空间组成。"线"为引导人们的行动、提供车辆通行的方便，有助于人们在行动中确定方向与寻觅道路，它包括一系列人流与车流的路线网；"点"是指路线上供车辆和人停留的一些"节点"，"线"与"点"在环境中相辅相成、共同作用。只是特定的环境有特定的性质，实现以"线"为主的环境。尤其随着现代化城市进程的发展，出现了各种不同类型的区域，它们显示出各自不同的环境特征，需要有各自不同的景观与之相适应。现就一些典型的城市空间加以分析。

一、城市广场

人类整个定居生活的历史进程中，广场是市民综合活动的场所，以开放式的空间给予人聚会交流，有其自发性与合理性。工业社会的来临，人们开始对城市现代化带来的消极因素进行反思，对历史上广场所具有的城市文化、社会生活、经济与环境效益等重新评价，吸取有益经验，为现代的城市广场注入了新的活力。特别是现代人所追求的交往、娱乐、参与、文化、多样性与广场的多功能、多景观、多活动、多信息、大容量的作用相吻合，使广场越来越获得"都市客厅"的美誉。

广场作为城市空间艺术处理的重点，它在体现一个城市的风貌、文化内涵、景观特色上起着重要的作用。广场的不同主题决定广场的不同功能，同时决定不同的环境布局。一般情况下，一种广场除主要功能外，常兼有其他多种功能，主要功能决定广场的性质。相对于城市广场与城市道路的衔接处，或一些广场入口处等较小的场所，易创造亲切感，更需注重与绿池、环境小品的结合。

（一）广场分类

按照广场的主要功能、用途及在城市交通系统中所处的位置分类广场可分为集会游行广场（其中包括市民广场、纪念性广场、生活广场、文化广场、游憩广场）、交通广场、商业广场等。但这种分类是相对的，现实中每一类广场都或多或少具备其他类型广场的某些功能。

1. 集会游行广场

城市中的市中心广场、区中心广场上大多布置公共建筑，平时为城市交通服务，同时也供旅游及一般活动，需要时可进行集会游行。这类广场有足够的面积，并可合理地组织交通，与城市主干道相连，满足人流集散需要。例如北京天安门广场、上海市人民广场、昆明市中心广场和前苏联莫斯科红场等，均可供群众集会游行和节日联欢之用。这类广场一般设置较少绿地，以免妨碍交通和破坏广场的完整性。广场还应有足够的停车面积和行人活动空间，其绿化特点是一般沿周边种植，为了组织交通，可在广场上设绿地种植草坪、花坛，装饰广场，形成交通岛的作用，但行人一般不得入内。

2. 交通广场

一般是指环行交叉口和桥头广场。设在几条交通干道的交叉口上，主要为组织交通用，也可装饰街景。在种植设计上，必须服从交通安全的条件，绝对不可阻碍驾驶员的视线，所以多用矮生植物点缀中心岛。例如广州的海珠广场。在这类广场上可种花草、绿篱、低矮灌木或点缀一些常绿针叶林，要求树形整齐，四季常青，在冬季

也有较好的绿化效果；同时也可设置喷泉、雕塑等。交通广场一般不允许入内，但也有起街心花园作用的形式。

3. 商业广场

当代交通拥挤，采取人车分流手段，以步行商业广场和步行商业街的形式为多，及各种集市露天广场形式。

城市广场还可以按照广场形态分为规整形广场、不规整形广场及广场群等，且现代城市广场形态越来越走向复向化、立体化，包括下沉式广场、空中平台和步行街等；按照广场构成要素分析可分为建筑广场、雕塑广场、水上广场、绿化广场等；按照广场的等级可分为市级中心广场、区级中心广场和地方性广场（如居住街区广场、重要地段公共建筑集散广场和建筑物前广场）等。（图4-4-1）

（二）广场效应

广场的景观、绿化、铺地、环境系统的产品等的配置，主要以广场效应，即人们的公共活动为主线展开。因为人们宁愿在四周浏览也不愿在空旷的中心让人环顾。有学者研究，人们进出广场的时间一般只占20%左右，而用于逗留活动的时间占80%，所以提供足够的可坐面积，甚至不受外界条件限制的逗留空间显得更为重要。

广场的区域划分，应融合自然的要素，提供不同性质的活动空间，以适合不同年龄层、不同文化层人们的社交与沟通的需要。区域的划分尽量化大为小、集散为整，提供多样化的活动空间。界面的变化及领域的划分，尽量采用台阶、坡面等连接，使上下层的活动尽收眼底，并与城市产生有机联系，以给人产生视觉上的愉悦。

二、步行街

（一）步行街的性能

20世纪以来，各种交通工具充塞着整个城市通道，剥夺了市民在城市空间活动的自由度、轻松感、亲切感和活动的安全感，使市民失去长期自由自在活动的人性空间。步行街的出现，正是城市价值回归的体现。（图4-4-2）

（二）步行街的类型

按照各自不同的特点和机能可将步行街分为以下几类：

①小规模步行空间。

②专用步行空间。

图4-4-1 城市广场

图4-4-2 步行街景观设计

③公共绿道。

④步行者优先的空间。

⑤高架步行通道。

⑥地下步行空间。

（三）步行街中人的行为

不同的步行街空间会有不同的使用对象，在规划设计时首先要对该地区的状况与人们的行为特征进行很好的调查研究。因为人的行为规律正是步行街设计的基础。他们的行为方式、行为规律必然都有所不同，只有根据社会的调查进行预测，才能针对性地作出决策。

城市生活中人的行为可分为三类：

①必要生活——基本的、带有强迫性的日常生活，如购物、上下班。

②选择活动——户外条件允许时人们乐于进行的活动，如散步、观光、户外休息、锻炼。

③社交活动——公共场所的交往活动，如谈天、打招呼等。

后两类活动是高质量的城市生活所追求的，它们受环境质量的影响尤为明显。

（四）步行街独特的景观构成

步行街具有独特的构成因素，这些因素也是满足现代城市生活的需要，构成城市环境风貌和组成部分。步行街由两旁建筑立面和地面组合而成，故其要素有：地面铺砖、标志性景观（如雕塑、喷泉）、建筑立面、展示柜台、招牌广告、游乐设施（空间足够时设置）；街道小品、街道照明、邮筒、休息坐椅、绿化植物配置和特殊的如街头献艺等活动空间，其设计繁杂程度决不亚于设施建筑，不过最关键的还是城市环境的整体连续性、人性化、类型的选择和细部。

三、街道空间

（一）街道景观

街道景观是由天空、街道周边的建筑、路面而构成。城市作为一个以水平方向被观赏的整体，它的天际轮廓线给人强烈的印象，街道建筑的轮廓线同样能引起人们的想象与感受。街景的效果，主要取决于人与景相对移动的速度。所以动的视野应以剪影外轮廓的可读性、醒目性、易记性为主，宜简不宜繁。以步行速度来观赏景物，审视时间较长，可驻足细察，景物便要精、细，具有一定的耐视性。由于街道的宽度有限，为扩大景深，除两侧建筑的变化外，应使景观向两侧和远处延伸，所以临界面宜空不宜实，宜透不宜堵。

从空间角度看，街道两旁由沿街界面形成连续的建筑围合，这些建筑与其所在的街区的自然景观、文化景观、人行空间形成一个不可分割的整体。自然景观，在现代化城市中所占比例较少，尤其在交通繁忙的城市干道更加匮乏，应尽一切力量增加自然景观。文化景观，包括街头的文化橱窗、阅报栏、电话厅等，以另一侧面反映城市的文化面貌。交通景观，道路的路标、护坡、红绿灯、侯车亭等环境产品，不仅具有组织疏导交通的功能，而且也是街道景观的重要组成部分。尤其围绕城市的立交系统，将是形成城市连续性与断续性相结合的韵律的体现。

（二）街道空间的处理

城市街道空间的景观设计，是在合理的功能定位下，将街道景观各种构成要素进行有机的组合和设置以及空间和功能上整合，以达到设计者的意图，使街道空间的使用者获得心理和精神的愉悦、共鸣。

城市街道景观设计不仅要进行曲折、进退、对景、框景、节律等方面艺术处理，而且在街坊与建筑，以及与步行空间的配合上做得很好，值得借鉴。节点的处理中，将街道交叉点或转折点处扩大形成广场，是很常见的处理手法。这不仅可以更好地组织交通，还可以利用广场的雕塑、小品等处理，加强地点性和可识别性；沿连续的街道空间局部扩大，不仅有利于街道空间的收放，增加空间层次感，同时可以吞吐吸纳人流，形成空间的集聚点。这种空间往往和重要公共建筑的人口广场相结合。

合理的安排视线通廊是丰富街道景观层次，提高节点处理想景物的视觉频率的重要手段。街道开敞空间的设置应结合功能考虑，赋予场所一定的功能有益于提高空间的使用率，休闲性的街头绿地应结合冷饮、小卖等设施；而休息的座椅的设置的位置应考虑人的心理感受，而避免成为摆设。南京东路商业步行街建设，则根据不同区段的性质，对细部设施分别进行设计。在纯步行街，采用统一的地面标高，运用不同肌理、色彩的人行道板铺砌，分为驻留区和流动区。

驻留区采用较小的铺砌单元，并设置椅、凳、庭园灯，栽种乔木，设置花坛，放置各类街道家具和小型环境艺术品，供购物观光人流停留休息；流动区采用较大的铺砌单元，该区域是贯穿步行街的无阻碍通道，可供观光车缓行。必要时可行驶特种车辆。在准步行街，车行通道比两侧标高稍低，用较大的铺砌单元，表面肌理较粗糙，使汽车在行驶时能感觉颠簸，并配合平面曲线的变化，以减缓车速。

四、居住小区与庭园空间

在中国传统观念中，堂前屋后的空地为庭；纳光、乘凉、通风、换气、休息，性质属可游、可玩、可观的地方为园。庭与园结合，即指围合的活动空间。现代意义上的庭园空间，应是居住小区内、企业单位中供休闲的空间

（一）居住小区与庭园空间的类型

以居住环境为目的，既要考虑充足的阳光，良好的通风，新鲜的空气，又要考虑蔽荫；既要有开敞的视野，又要防止噪声的干扰，保持小区内的幽静和安宁，在构园时要分区成组，动静分离，绿化交错围合，形成一块休息空间，以便适合不同年龄群体人的使用。

1.以游赏休息为目的

庭园要求赏心悦目、步移景异，具有流动的动态观赏性，供短时间停驻，以便提供多趣味的空间欣赏。

2.以参与为目的

现代环境追求高娱乐性和高参与性，人们可以在此戏水、聆听水声，可观看他人活动，也可直接参与各种活动。

3.以综合活动为目的

能为顾客、附近居民、员工和外来游客提供可视、可听、可息、可进行富有情趣的社交活动的场所。景观上综合运用水体、岩石、绿化、小品、雕塑等，将使环境充满活力。

（二）居住小区与庭园空间的设计特点

居住小区与庭园的围合指领域的划分，往往用道路和建筑自身进行包孕式围合。如外实内虚的天井式围合，其抗干扰性较强，易营造室外活动的安全环境。通过人车分道行驶，或采用曲折道路降低车速，设置象征性的路标等，以增加环境的领域感，创造防卫的居住社区或单位内的公共活动空间。也可开发屋顶庭园，这是城市公共空间的扩展。开放性的庭园，与四周空间融合，边界的围合采用虚中有实、实中有虚、虚实相生的手法创造领域感。其景观应本着精巧、朴实、淡雅、尺度近人的原则。

居住社区与庭园的空间不同于城市的公共环境，又有别于家庭的私密空间，需满足社会的交往，尤其对于老年人，如何使他们减少孤独感，帮助他们健康、快乐地生活；对于儿童，能使他们在活动中接受教育，与同龄人与成年人交往，以使他们全面发展，健康成长。所以小区与庭园中活动场所的设计显得尤为重要。小区与庭园可大可小，大园宜简不宜繁，宜敞不宜塞，但合理的住宅组团，会增添邻里间的和谐关系。小区与庭园不论大小，只要有特色、富有生气，便能激发人们参与活动的兴趣，从而使人们流连忘返。（图4-4-3）

思考与练习题

1.什么是景观设计？

2.请简要说明从发展历程的角度来看，西方现代景观设计大致分为几个阶段？

3.景观环境设计的相关设计要素有哪些？

4.景观环境设计中地形要素的作用是什么？

5.植被绿化设计的作用及设计特点是什么？

6.综述地面铺装的设计要点。

7.景观设施的分类有哪几类？

8.结合实例论述景观设计的组景手法。

9.城市广场景观有哪几种类型？分别论述其特点。

10.步行街景观设计根据不同人的行为有哪些特点？

11.结合实例叙述街道景观的垂直效果的特点。

12.居住小区与庭园空间的类型有哪些？

13.居住小区与庭园空间的设计特点有哪些？

图4-4-3 居住、庭园空间景观

第五章　环境艺术设计的程序与方法

环境艺术设计是一项复杂的系统工程。作为环境艺术设计工作者，当进行一项设计活动时，必须有一个周密的设计计划，并按照设计的基本程序来操作，以认真严谨的态度来对待这份设计工作。掌握设计的基本程序、设计方法和准确的设计表达就显得尤为重要。

第一节　设计程序

环境艺术设计不是简单的图板上的纸上谈兵。一项设计任务的完成除了涉及设计者、施工者及业主等不同角色与分工，还涉及到建筑、结构、水电、管道、园艺等各个专业工种的协调与配合。为了使设计工作顺利进行，为了使设计师能够统筹全局，调度方方面面的力量完成设计任务，必须有一个良好、合理的设计程序。

设计程序的制定可以帮助我们明确设计任务，明细设计施工中要先考虑哪些环节，后解决哪些问题。只有这样，才能提高设计效率，使经济效益与社会效益最大化。常规的设计程序可以分为以下几个阶段：设计准备阶段、方案设计阶段、施工图设计阶段和设计实施阶段。

一、设计准备阶段

设计准备阶段主要是接受委托任务书，签订合同，或者根据标书要求参加投标。明确设计期限并制订设计计划进度安排，考虑各有关工种的配合与协调；明确设计任务和要求，如设计任务的使用性质、功能特点、设计规模、等级标准、总造价，根据任务的使用性质所需创造的环境氛围、文化内涵或艺术风格等。熟悉与设计有关的规范和定额标准，收集分析必要的资料和信息，包括对现场的调查踏勘以及对同类型实例的参观等。在签订合同或制定投标文件时，还包括设计进度安排、设计费率标准。

二、方案设计阶段

方案设计阶段是在设计准备阶段的基础上，然后进行综合分析，在分析的基础上，开始方案设计的构思。室内环境要考虑到整个建筑的功能布局，整个空间和各部分空间的格调、环境气氛和特色。设计师要熟悉建筑和建筑设计等各专业图纸，可以提出对建筑设计局部修改的要求。在室外环境设计中，首先对它的功能布局和形式要有大体上的安排，同时要照顾到它与周围环境、城市规划之间的关系。另外，景观与周围建筑的位置大小、高度、色彩、尺度的关系，以及它与城市的交通系统、城市的整体设计的关系也要充分考虑。

在进行方案构思的阶段，设计师们一般提出几种想法，进行多种设计尝试，探讨各种可能性。然后把几种设想全面地进行比较，明确方案的基本构思，选出比较满意的方案。在此方案基础上，进一步进行推敲、完善，完成方案效果的表现。

三、施工图设计阶段

施工图设计阶段是方案设计具体化的阶段，也是各种技术问题的定案阶段。它需要补充施工所必要的有关平面布置、立面和顶面布置等图纸，还需包括构造节点详图、细部大样图以及设备管线图，编制施工说明和造价预算等。在本阶段，设计师应该明确各主要部位的尺寸关系，确定材料的搭配。

施工图主要是通过图纸把各部分的具体做法、尺寸关系、建筑构造做法和尺寸全部表达出来。此外还有材料的选定，灯具、家具、陈设品的设计或选型，色彩和图案的确定，以及绿化的品种等。施工图要求准确无误、清楚周到、表达详实。这样，工人就可以根据图纸施工了。施工图工作是整个设计工作的深化和具体化，也可以成为细部设计，细部设计的水平在很大程度上影响整个环境设计的艺术水平，施工图完成后，还要制作材料样板，连同图纸一并交给甲方。

四、设计实施阶段

设计实施阶段也即是工程的施工阶段。工程

在施工前，设计人员应向施工单位进行设计意图说明及图纸的技术交底；工程施工期间需按图纸要求核对施工实况，有时还需根据现场实况提出对图纸的局部修改或补充；施工结束时，会同质检部门和建设单位进行工程验收。

为了使设计取得预期效果，设计人员必须抓好设计各阶段的环节，充分重视设计、施工、材料、设备等各个方面，并熟悉、重视与原建筑物的建筑设计、设施设计的衔接，同时还须协调好与建设单位和施工单位之间的相互关系，在设计意图和构思方面取得沟通与共识，以期取得理想的设计工程成果。

在施工过程中，设计师要与甲方一起订货、选择材料，选定厂家，完善设计图纸中未交代的部分，处理好与各专业图纸发生的矛盾。设计图纸中肯定会存在与实际施工情况不相符的情况，并且在施工中还可能遇到我们在设计中没有预料到的问题，所以要根据实际情况对原设计做出及时、必要的调整与修改。同时，设计师要定期到施工现场检查施工质量，以保证施工的质量和最后的整体效果，直至验收完毕，交付甲方使用为止。

由此可见，环境艺术设计是一项具体、复杂的艰苦工作。仅仅具有艺术修养是不够的，设计师还要掌握技术学、社会学等方面的知识，并不断加强自身修养，对哲学、文学、科学艺术等领域也要做到广泛涉猎。一个好的设计师不但要具备良好的教育和修养还要成为一位出色的外交家、社交家。能够协调设计相关的各个方面的关系，使自己的设计理念能够得到很好地贯彻和实现。

第二节　设计方法

从设计者的思考方法来分析，设计方法要注意以下几个内容。

一、大处着眼、细处着手，总体与细部深入推敲

大处着眼，只有这样在设计时思考问题和着手设计的起点才高，有一个设计的全局观念。细处着手是指具体进行设计时，必须根据室内的使用性质，深入调查、收集信息，掌握必要的资料和数据，从最基本的人体尺度、人流动线、活动范围和特点、家具与设备等的尺寸和使用它们必须的空间等着手。（图5-2-1）

图5-2-1 拙政园集锦小院设计草图

二、从里到外、从外到里，局部与整体协调统一

建筑师A.依可尼可夫曾说："任何建筑创作，应是内部构成因素和外部联系之间相互作用的结果，也就是'从里到外'、'从外到里'。"室内环境的"里"，以及和这一室内环境连接的其他室内环境，以至建筑室外环境的"外"，它们之间有着相互依存的密切关系，设计时需要从里到外，从外到里多次反复协调，务必使其更趋完善合理。室内环境需要与建筑整体的性质、标准、风格，与室外环境相协调统一。（图5-2-2）

图5-2-2 庭院设计平面图

三、意在笔先或笔意同步，立意与表达并重

意在笔先原指创作绘画时必须先有立意，即深思熟虑，有了想法后再动笔，也就是说设计的构思、立意至关重要。可以说，一项设计，没有立意就等于没有灵魂，设计的难度也往往在于要有一个好的构思。具体设计时意在笔先固然好，但是一个较为成熟的构思，往往需要足够的信息量，有商讨和思考的时间，因此也可以边动笔边构思，即所谓笔意同步，在设计前期和出方案过程中使立意、构思逐步明确，但关键仍然是要有一个好的构思。

对于环境艺术设计来说，正确、完整，又有表现力地表达出设计的构思和意图，使建设者和评审人员能够通过图纸、模型、说明等，全面地了解设计意图，也是非常重要的。在设计投标竞争中，图纸质量的完整、精确、优美是第一关，因为在设计中，形象毕竟是很重要的一个方面，而图纸表达则是设计者的语言，一个优秀设计的内涵和表达也应该是统一的。（图5-2-3）

图5-2-3 华裔设计大师贝聿铭及其作品

第三节　设计表达

一、设计的成果形式

艺术设计活动的本质既是一项创造，又是技术创新过程，设计在很大程度上要落实到设计表达上，因此掌握不同的设计表达方式就显得尤为重要。设计表达方式也是环境艺术设计的成果形式。一个环境设计项目从产生到完成的过程中最重要最关键的环节在于设计的准备和形成时期。设计的价值最直接地体现在设计自身的智力资源和对于项目未来的分析评价上。这一阶段的成果形式由于项目类型、设计者的观念以及资金能力投入等方面的差异显得方式多样，总结归纳起来大致有以下三种基本类型。

（一）文本型

文本型多用于城市规划与城市设计，是全局性、纲领性的政策实施。注重陈述设计过程、工作的方法和解决问题的形式，是一种系统性很强的成果表述，强调事物的整体性。

（二）分析型

分析型注重对事物的分析和理解。用图表形式剖析对象，在设计的成果中，形象地、理性地、解码式地将设计理由一一呈现。

（三）表现型

表现型是对设计效果的预见性表现。注重对事物未来形态的描述，细致地表现设计意象，强调设计前后的对比和设计结果对未来的影响等。（图5-3-1）

设计的准备和形成期是设计工作最主要的时期。以上三种设计成果类型在很多时候是互为补充的，是设计者脑力劳动和智慧的结晶。

图5-3-1 表现型效果图

二、设计表达的具体形式

从理论上讲，设计表达是在设计方案项目设计完成后，对综合设计的一种表现方式。可以说，设计方案的成败与设计表现并非直接相关，而取决于设计本身，即设计方案各项目标计划的创造性与合理性。但是在实际操作中，优秀的设计表达不仅能够准确地反映设计的创意和形式，还能够通过对设计形式和形象的整体感受，表示对设计空间及形态的体量关系、材质及配色关系的视觉直观感受，去有效把握设计的预想效果。因而设计表达是整个设计的一个相当重要的环节。设计表达如果不到位，不仅不能引发人们对设计的兴趣，甚至会造成对设计意图的某些曲解，容易使人对设计创意、目标的合理性产生怀疑或疑惑。

（一）图纸表达

图纸表达不同于纯绘画，绘画作品中追求现实感觉体验的逼真效果，而设计表现图并不是设计对象的真实写照，而是对设计方案的预想效果的表达。预想效果表现具有成为现实的可能性，但毕竟不是现实，不是对某一具体事物的现实反映，而是对现实本质特征和发展规律的应用，同时还有更多的创造性内涵。因此设计表现图传达的真实性侧重于表现设计的"真切性"，而不是现实的"逼真性"。

1.工程制图表达

工程制图包括平面图、立面图、断面图与剖面图。平、立、剖三者是从不同的视角汇制的图纸，平面图是反映结构的长和宽，剖面图是平面图的补充，细部构造需要我们用剖面图来看它的尺寸，比如，要看一个电梯井的高，就只能在剖面图上看了，至于立面图，相当于是平面图结构的效果图。（图5-3-2）

2.效果图表达

与设计中的工程制图语言相比，效果图的形象语言起到了一种翻译、形象化的解释的作用。因为在环境艺术设计中，除了好的构思和创意方案之外，还必须有一种与之相对应的、丰富多彩的艺术语言。熟练地掌握和运用设计表现的艺术语言，对提高作品表现的深度与感染力、增强人们对设计的全面认识、为设计施工提供佐证和依据。

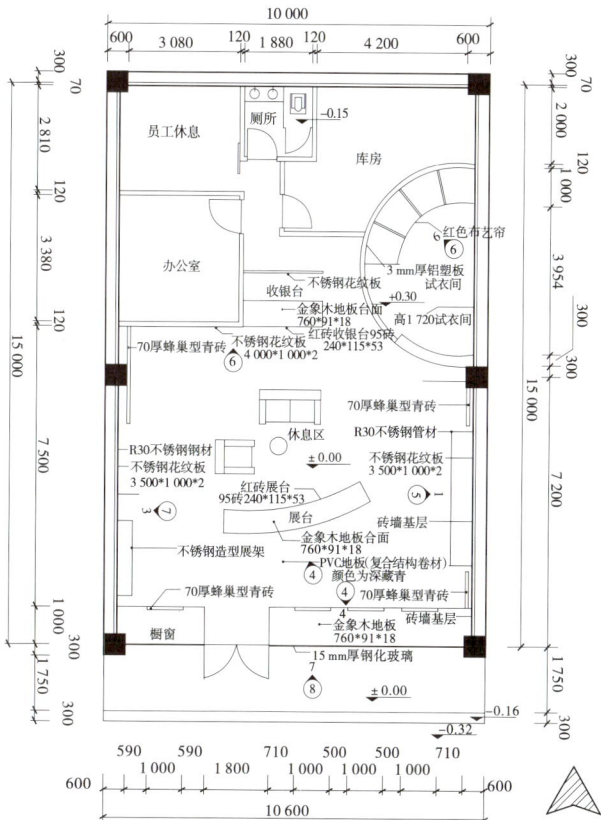

女装专卖店平面图 1：50

图5-3-2 女装专卖店平面图

①手绘效果图。手绘效果图要学习的包括手绘的技法、铅笔白描、钢笔白描、彩铅、马克笔、室内外手绘表现等。手绘技巧和方法的自由和随意的特点，在丰富表现语言方面，具有其他表现手段无法比拟的优势。简练而不单调，严谨而不呆板，笔法沉稳而流畅，转折变化而丰富，形态准确而生动，笔顺有序而和谐，是艺术增强画面效果感染力的有效手法。（图5-3-3）

图5-3-3 马克笔手绘效果图

②电脑效果图。电脑效果图绘制常用的软件有autoCAD、3d max、photoshop等。电脑制图的优势在于：第一，运用广泛（适用于大多数学生、设计者）；第二，干净方便（一层层图层如同一张张硫酸纸，加上繁多的叠加方式，比直接在一张纸上用画笔上色灵活得多，也不怕弄脏了手和衣服）；第三，简单易修改（一笔画错了功能键便可改正，一层画错了删掉新建，不必担心出现"一失足成千古恨"的悲剧）；第四，效果丰富（应用各种滤镜或其他方法能轻易地产生各种材质、纹理，也能较好地模拟很多自然元素）。（图5-3-4）

图5-3-4 电脑效果图

（二）模型表达

环境艺术模型介于平面图纸与实际立体空间之间，它把两者有机地联系在一起，是一种三维的立体模式，模型有助于设计创作的推敲，可以直观地体现设计意图，弥补图纸在表现上的局限性。它既是设计师设计过程的一部分，同时也属于设计的一种表现形式，被广泛应用于城市建设、房地产开发、商品房销售、设计投标与招商合作等方面。

模型是在设计中用以表现空间关系的一种手段，通过使用易于加工的材料依照建筑设计图样或设计构想，按缩小的比例制成的样品。因此对于那些技术先进、功能复杂、艺术造型富于变化的现代建筑，尤其需要用模型进行设计创作。（图5-3-5）

图5-3-5 模型展示

思考与练习题

1. 简述环境艺术设计的基本程序。
2. 简述室内设计的方法。
3. 设计表达的具体形式有哪几种？
4. 手绘居室空间客厅效果图表现设计练习。

第六章　环境艺术设计作品欣赏

第一节　室内环境设计作品欣赏

一、53平米简约设计

图6-1-1 53平米简约设计1

图6-1-2 53平米简约设计2

图6-1-3 53平米简约设计3

图6-1-4 53平米简约设计4

图6-1-5 53平米简约设计5

图6-1-6 53平米简约设计6

二、53平米中式混搭设计

图6-1-9 53平米中式混搭设计3

图6-1-7 53平米中式混搭设计1

图6-1-8 53平米中式混搭设计2

图6-1-10 53平米中式混搭设计4

图6-1-11 53平米中式混搭设计5

图6-1-12 53平米中式混搭设计6

三、45平米地中海设计

图6-1-13 45平米地中海设计1

图6-1-14 45平米地中海设计2

图6-1-15 45平米地中海设计3

图6-1-16 45平米地中海设计4

图6-1-17 45平米地中海设计5

图6-1-18 45平米地中海设计6

四、英特尔公司展示设计

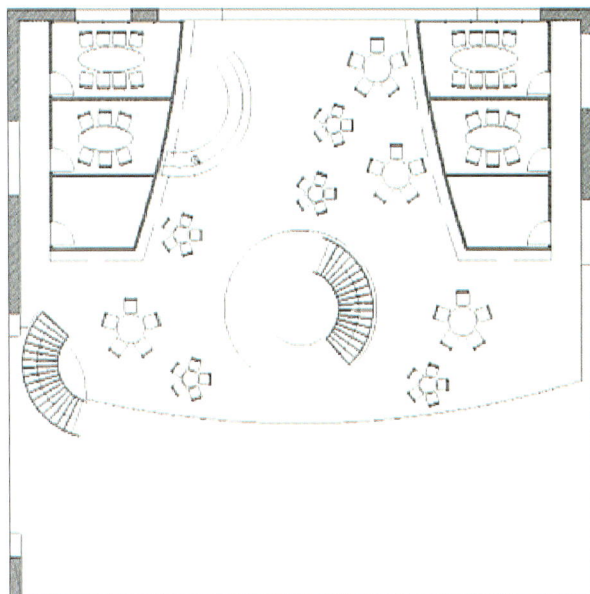

图6-1-20 英特尔公司展示设计1

图6-1-19 45平米地中海设计7

图6-1-21 英特尔公司展示设计2

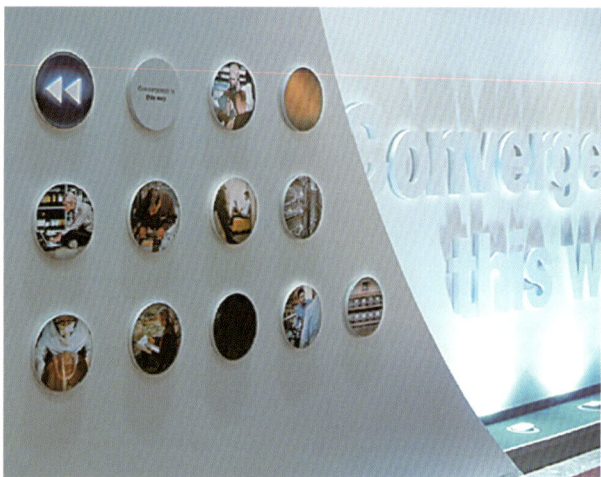

图6-1-22 英特尔公司展示设计3

五、Audi AG设计

图6-1-24 Audi AG设计1

图6-1-23 英特尔公司展示设计4

图6-1-25 Audi AG设计2

图6-1-26 Audi AG设计3

六、其他室内设计作品

图6-1-27 奥斯陆健身中心

图6-1-28 高迪公寓室内空间设计

图6-1-29 伦敦科技馆

图6-1-30 英国达利博物馆

图6-1-31 牛津大学讲堂

图6-1-32 哥本哈根现代设计博物馆

图6-1-33 嘎纳夏奈尔橱窗设计

图6-1-34 奥斯陆商场装饰画

图6-1-35 诺贝尔博物馆

图6-1-36 赫尔辛基现代美术馆

图6-1-37 西班牙毕尔巴鄂古根海姆博物馆内景

图6-1-38 阿尔卑斯山乡村酒吧内景

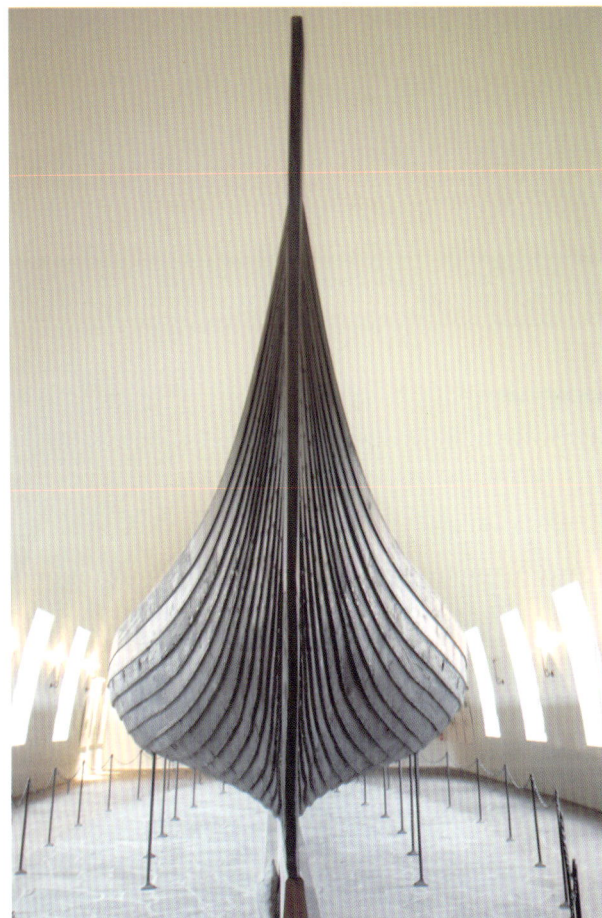

图6-1-39 奥斯陆海盗船博物馆

图6-1-40 迪拜伯瓷酒店内景

图6-1-41 雅典希尔顿酒店

图6-1-42 迪拜伯瓷酒店过厅设计

图6-1-43 迪拜伯瓷酒店总统套房卧室空间设计

图6-1-44 迪拜伯瓷酒店餐厅设计

图6-1-45 雅典希尔顿酒店

图6-1-46 伦敦市政厅

图6-1-47 沙特馆室内

第二节　建筑及景观设计作品赏析

图6-2-1 马德里索菲亚女王国家现代艺术博物馆

图6-2-2 里斯本Belem文化中心

图6-2-3 摩纳哥赌城

图6-2-4 庞贝古街

图6-2-5 西班牙毕尔巴鄂文化中心

图6-2-6 高迪公园

图6-2-7 西班牙格拉纳达阿尔罕布拉皇宫园林

图6-2-8 雅典奥林匹克村入口

图6-2-9 梵蒂冈圣彼得广场

图6-2-10 泊尔尼街景

图6-2-11 奥林匹克博物馆雕塑

图6-2-12 英国艾汶河上的斯特拉夫

图6-2-13 奥林匹克大道雕塑

图6-2-14 苏黎士湖滨小景

图6-2-15 泰晤士河夜景

图6-2-16 伦敦赫克斯大街30号大厦

图6-2-17 纽约新当代艺术博物馆

图6-2-18 法国未来城1

图6-2-19 法国未来城2

图6-2-20 意大利圣马可广场

图6-2-21 加拿大多伦多安大略皇家博物馆

图6-2-22 卡塔尔多哈伊斯兰美术馆

图6-2-23 纽约时报广场

图6-2-24 苏州博物馆中庭景观

图6-2-25 西安大唐芙蓉园

图6-2-26　中国馆前的雕塑

参考文献

［1］吴良镛.人居环境科学导论[M].北京：中国建筑工业出版社，2001.

［2］黄光宇，陈勇.生态城市理论与规划设计方法[M].北京：科学出版社，2002.

［3］[美]伊恩·伦诺克斯·麦克哈格.设计结合自然[M].黄经纬，译.天津：天津大学出版社，2006.

［4］郝卫国.环境艺术设计概论[M].北京：中国建筑工业出版社，2006.

［5］刘秋月，李珠.环境艺术设计发展概况浅析[J].城市建设.2010（1）.

［6］郝振国.环境艺术设计思维浅析[J].金色年华.2010（3）.

［7］尹安石，陈良梅.现代环境艺术设计的传承与再开发[J].室内设计与装修.2006（6）.

［8］来增祥，陆震纬.室内设计原理[M].北京：中国建筑工业出版社，2006.

［9］陈易.建筑室内设计[M].上海：同济大学出版社，2001.

［10］陈志华.外国建筑史[M].北京：中国建筑工业出版社，1997.

［11］《建筑设计资料集》编委会.建筑设计资料集[M].北京：中国建筑工业出版社，1994.

［12］http://news.hfhouse.com/searchList.asp?highLight=1&Q=设计.

［13］陈健.环境艺术概论[M].上海：上海交通大学出版社，2011.

［14］周长亮，冼宁.室内环境设计[M].北京：科学出版社，2010.

［15］吕永中，俞培晃.室内设计原理与实践[M].北京：高等教育出版社，2008.

［16］王勇.室内装饰材料与应用[M].北京：中国电力出版社，2007.

［17］周长亮.室内装修材料与构造[M].武汉：华中科技大学出版社，2007.

［18］钱蔚，沈磊，许建均.室内设计[M].上海：上海人民美术出版社，2008.

［19］李开然.景观设计基础[M].上海：上海人民美术出版社，2006.

［20］李方联.景观设计[M].长沙：中南大学出版社，2009.

［21］刘滨谊.现代景观规划设计[M].3版.南京：东南大学出版社，2010.

［22］宋志强.景观元素[M].大连：大连理工大学出版社，2009.

［23］冯信群，姚静.景观元素——环境设施与景观小品设计[M].南昌：江西美术出版社，2008.

［24］金煜.园林植物景观设计[M].沈阳：辽宁科学技术出版社，2008.

［25］[美]尼古拉斯·T·丹尼斯，凯尔·D·布朗.景观设计师便携手册[M].刘玉杰，吉庆萍，俞孔坚，译.北京：中国建筑工业出版社，2002.

［26］王受之.世界现代设计史[M].北京：中国青年出版社，2002.

［27］刘蔓.餐饮文化空间设计[M].重庆：西南师范大学出版社，2004.

［28］席跃良.环境艺术设计概论[M].北京：清华大学出版社，2006.